Rasheed Nema Abed
Mohammed Abdul Sattar

Gestão térmica do arrefecimento do díodo laser

Rasheed Nema Abed
Mohammed Abdul Sattar

Gestão térmica do arrefecimento do díodo laser

ScienciaScripts

Imprint

Any brand names and product names mentioned in this book are subject to trademark, brand or patent protection and are trademarks or registered trademarks of their respective holders. The use of brand names, product names, common names, trade names, product descriptions etc. even without a particular marking in this work is in no way to be construed to mean that such names may be regarded as unrestricted in respect of trademark and brand protection legislation and could thus be used by anyone.

Cover image: www.ingimage.com

This book is a translation from the original published under ISBN 978-3-659-84745-5.

Publisher:
Sciencia Scripts
is a trademark of
Dodo Books Indian Ocean Ltd. and OmniScriptum S.R.L publishing group

120 High Road, East Finchley, London, N2 9ED, United Kingdom
Str. Armeneasca 28/1, office 1, Chisinau MD-2012, Republic of Moldova, Europe
Printed at: see last page
ISBN: 978-620-8-36162-4

ÍNDICE DE CONTEÚDOS

Em 1823, Seebeck verificou que a agulha era deflectida e, em seguida, relatou os resultados de experiências em que uma bússola colocada nas proximidades de um circuito fechado, formado por dois condutores diferentes, quando uma das junções era aquecida [1]. Seebeck concluiu erradamente que a interação era um fenómeno magnético e, ao seguir esta linha de pensamento, tentou relacionar o magnetismo da Terra com a diferença de temperatura entre o equador e os pólos. No entanto, investigou o fenómeno num grande número de materiais, incluindo alguns a que hoje chamamos semicondutores, e organizou-os por ordem do produto a o. em que a é o coeficiente de Seebeck e o a condutividade eléctrica.

O coeficiente de Seebeck é expresso em volts por grau ou, mais frequentemente, em microvolts por grau. "VK^{-1} . A série de Seebeck formada desta forma é muito semelhante à série termoeléctrica atual e, se Seebeck tivesse utilizado o primeiro e o último membros da sua série num termopar, poderia ter convertido energia térmica em eletricidade em 1821 com uma eficiência de cerca de 3%, o que se compara muito favoravelmente com a máquina a vapor mais eficiente da época. Com o benefício da retrospetiva, é evidente a partir do relato de Seebeck que o fenómeno observado foi causado por uma corrente eléctrica a fluir no circuito e que ele tinha descoberto os chamados efeitos termoeléctricos.

Cerca de 12 anos mais tarde, um efeito complementar foi descoberto por Peltier [2]. Embora Peltier tenha utilizado o efeito Seebeck nas suas experiências como fonte de correntes fracas, não conseguiu apreciar a natureza fundamental das suas observações, nem relacionar o efeito com as descobertas de Seebeck. A verdadeira natureza do efeito Peltier foi explicada por Lenz [3] em 1838. Ele concluiu que, dependendo da direção do fluxo de corrente, o calor é absorvido ou gerado numa junção entre dois condutores e demonstrou-o congelando água numa junção bismutal e derretendo o gelo ao inverter a direção do fluxo de corrente.

A falta de interesse e a lentidão dos progressos nas aplicações termoeléctricas que se seguiram à descoberta dos fenómenos termoeléctricos são compreensíveis quando se recorda que foram feitas descobertas muito mais interessantes durante este período. Esta foi a era do eletromagnetismo, com as descobertas iniciais de Oersted a serem seguidas por investigações de investigadores como Ampere e Laplace e culminando na formulação das leis da indução electromagnética por Faraday.

Em 1851[4], W. Thomson (Lord Kelvin) estabeleceu uma relação entre os coeficientes de Seebeck e Peltier e previu a existência de um terceiro efeito termoelétrico, o efeito Thomson, que posteriormente observou experimentalmente. Este efeito está relacionado com o aquecimento ou arrefecimento de um condutor homogéneo único quando uma corrente passa ao longo do mesmo na presença de um gradiente de temperatura.

A possibilidade de utilizar fenómenos termoeléctricos na produção de eletricidade foi considerada em 1885 por Rayleigh, que calculou pela primeira vez, embora incorretamente, a eficiência de um gerador termoelétrico. Em 1909[5] e 1911 [6] Altenkirch apresentou uma teoria satisfatória da geração e refrigeração termoeléctrica e mostrou que os bons materiais termoeléctricos deveriam possuir grandes coeficientes de Seebeck com baixa condutividade térmica (A) para reter o calor na junção e baixa resistência eléctrica para minimizar o aquecimento de Joule. Estas propriedades desejáveis foram incorporadas na chamada figura de mérito Z, em que ($Z = a^2 \, o/X$) e a unidade de Z é (1/K). A uma dada temperatura absoluta T, uma vez que Z pode variar com T, um valor de mérito não dimensional útil é ZT. Embora as propriedades favoráveis às aplicações termoeléctricas fossem bem conhecidas, as importantes vantagens oferecidas pelos semicondutores minerais de Seebeck foram negligenciadas, tendo a atenção dos investigadores sido centrada nos metais e ligas metálicas. Nestes materiais, a razão entre a condutividade térmica e a condutividade eléctrica é uma constante (lei de Wiedemann-Franz-Lorenz) e não é possível reduzir uma enquanto se aumenta a outra. Por conseguinte, os metais mais adequados são aqueles que apresentam os coeficientes Seebeck mais elevados. A maior parte dos metais possui coeficientes Seebeck iguais ou inferiores a ($10 \, \text{pVK}^{-1}$), o que dá uma eficiência de geração associada de uma fração de (1%), que não é económica como fonte de energia eléctrica. Considerações semelhantes levaram também à conclusão de que a refrigeração termoeléctrica era uma preposição não económica.

O interesse renovado na termoeletricidade acompanhou o desenvolvimento, no final dos anos 30, de semicondutores sintéticos que possuíam coeficientes Seebeck superiores a (100pV/K) e, em 1947, Telkes [7] construiu um gerador que funcionava com uma eficiência de cerca de (5%). Em 1949, Ioffe desenvolveu uma teoria dos termoelementos semicondutores e, em 1954, Goldsmid e Douglas demonstraram que era possível o arrefecimento a partir de temperaturas ambientes normais até temperaturas inferiores a 0°C.

Infelizmente, nos semicondutores, a relação entre a condutividade térmica e a condutividade eléctrica é maior do que nos metais, devido à sua pior condutividade eléctrica. Não era óbvio que os semicondutores fossem materiais termoeléctricos superiores e, para além das actividades soviéticas, o interesse voltou a diminuir. A investigação sobre semicondutores compostos para possível aplicação em transístores na década de 1950 resultou em novos materiais com propriedades termoeléctricas substancialmente melhoradas e, em 1956, Ioffe e os seus colaboradores [10] demonstraram que o rácio podia ser reduzido se o material termoelétrico fosse ligado a um elemento ou composto isomorfo. Estimulado por possíveis aplicações militares, foi realizado um enorme estudo de materiais, particularmente nos Laboratórios RCA nos EUA, que resultou na descoberta de alguns semicondutores com ZT próximo de ~1,5.

Um conversor termoelétrico "moderno" consiste, essencialmente, num número de termoelementos semicondutores alternados do tipo n e p, ligados eletricamente em série com tiras de ligação metálicas, ensanduichados entre duas placas cerâmicas eletricamente isolantes, mas termicamente condutoras, para formar um módulo. Desde que seja mantida uma diferença de temperatura através do módulo, será fornecida energia eléctrica a uma carga externa e o dispositivo funciona como um gerador; inversamente, quando uma corrente eléctrica passa através do módulo, o calor é absorvido numa face do módulo e rejeitado na outra face, e o dispositivo funciona como um frigorífico.

Num gerador termoelétrico, a eficiência da conversão de calor em eletricidade depende da diferença de temperatura T sobre a qual o dispositivo funciona, da sua temperatura média de funcionamento, T, e do desempenho do material termoelétrico através do seu coeficiente de mérito. A figura de mérito também determina a depressão máxima da temperatura e o coeficiente máximo de desempenho de um frigorífico termoelétrico.

Consequentemente, os materiais que possuem grandes valores de Z na gama de temperaturas de funcionamento pretendida são desejáveis tanto na geração como na refrigeração.

Os materiais termoeléctricos estabelecidos dividem-se convenientemente em três categorias, dependendo da sua gama de temperaturas de funcionamento. O telureto de bismuto e as suas ligas têm os valores de mérito mais elevados, são amplamente utilizados na refrigeração e têm uma temperatura máxima de funcionamento de cerca de (450 K). As ligas à base de telureto de chumbo apresentam em seguida os valores de mérito mais elevados e as ligas de silício-germânio os mais baixos. O telureto de chumbo e o germânio silício são utilizados em aplicações de geradores com temperaturas máximas de funcionamento de cerca de (1000 e 1300° K), respetivamente.

No início dos anos 60, a exploração do espaço, os avanços na física médica e a exploração dos recursos da Terra em locais cada vez mais hostis e inacessíveis [11] tornaram necessária a existência de fontes autónomas de energia eléctrica. Os geradores termoeléctricos são ideais para estas aplicações, onde a sua fiabilidade, a ausência de peças móveis e o seu funcionamento silencioso compensam o seu custo relativamente elevado e a sua baixa eficiência (normalmente inferior a 5%). É possível tirar partido da simplicidade e robustez dos geradores termoeléctricos em comparação com os dispositivos de conversão termomecânica [12].

Em situações em que o reabastecimento periódico é possível e o oxigénio está disponível, o combustível fóssil é utilizado como fonte de calor. O combustível hidrocarboneto tem uma densidade de energia cerca de 50 vezes superior à de uma bateria química, pelo que, desde que a eficiência de conversão seja superior a (2%), um sistema alimentado por hidrocarbonetos pode constituir uma fonte de energia eléctrica a longo prazo muito mais leve e menos volumosa do que as baterias.

Quando o reabastecimento anual não é possível, ou o oxigénio não está disponível, os isótopos radioactivos servem como fontes de calor, permitindo que os geradores, que são referidos como geradores termoeléctricos de radioisótopos ou RTGs, funcionem sem vigilância durante longos períodos, em alguns casos, como o da nave espacial Voyager lançada em 1977, durante mais de 17 anos [13].

Na sequência da quintuplicação do preço do petróleo bruto em 1974, foi analisada a possibilidade de produção de eletricidade em grande escala através do efeito termoelétrico. Para além de uma oferta abundante de calor facilmente utilizável, concluiu-se que a produção económica de eletricidade termoeléctrica em grande escala exigiria a produção barata de quantidades substanciais de material semicondutor, acompanhada de uma melhoria significativa do valor de mérito do material. No entanto, a preocupação com o empobrecimento da camada de ozono no final dos anos 80 e o interesse geral do público por fontes de energia amigas do ambiente foram acompanhados por um interesse renovado na produção termoeléctrica como fonte potencial de energia eléctrica em grande escala utilizando o calor residual [14, 15].

O arrefecimento termoelétrico também tem tido sucesso nos frigoríficos domésticos, no ar condicionado e em numerosas aplicações novas, em que a possibilidade de variar a capacidade de arrefecimento do dispositivo de acordo com a aplicação específica se revelou um fator importante [16]. Embora seja improvável que o arrefecimento termoelétrico em grande escala venha alguma vez a igualar o desempenho dos sistemas Freon, em algumas aplicações a sua modularidade e fiabilidade oferecem certas vantagens [17]. Foram também feitos avanços significativos na miniaturização dos dispositivos termoeléctricos, particularmente no desenvolvimento de detectores e sensores em miniatura [18, 19] e de fontes de energia [20].

Nos últimos anos, foram desenvolvidos módulos de arrefecimento termoelétrico de vários estágios, com até seis estágios, que permitem atingir temperaturas inferiores a (170° K) com dispositivos comerciais. No entanto, o valor de mérito das ligas à base de telureto de bismuto diminui com a redução da temperatura e tem sido demonstrado um interesse renovado em materiais como as ligas de bismutoantimónio, cujo desempenho termoelétrico pode ser melhorado através da aplicação de um campo magnético [22]. Outro fenómeno magnético, "o efeito Ettingshausan", também provou ser um processo de refrigeração eficiente a baixas temperaturas [23].

O arrefecimento termoelétrico abaixo de 150 K tem sido limitado pela indisponibilidade de materiais com um valor de mérito razoável a estas temperaturas, com exceção do antimoneto de bismuto do tipo n.

A possibilidade de utilizar um supercondutor de alta Tc (HTSC) como um termoelemento passivo foi explorada pela primeira vez por Goldsmid et al [24], e demonstrada com sucesso alguns anos mais tarde [25,26].

A exploração comercial bem sucedida de dispositivos termoeléctricos depende, em grande medida, do aumento do valor de mérito do material. Este facto, por sua vez, está intimamente dependente da formulação de um modelo teórico adequado. A teoria do estado sólido tem ajudado muito nesta direção. Embora os modelos disponíveis sejam, na melhor das hipóteses, aproximações grosseiras dos materiais reais, eles fornecem uma visão útil das propriedades básicas desejáveis dos materiais para refrigeração e geração. Foram desenvolvidos modelos para todas as três famílias estabelecidas de materiais termoeléctricos [26-29]. Nos últimos anos, o limite superior para a figura de mérito foi reinvestigado [30], mas a realização do mesmo na prática depende de muitos factores, não sendo o menor deles o facto de o material poder ou não ser preparado.

É na geração termoeléctrica a alta temperatura que se concentra a maior parte dos esforços de investigação fundamental, com vista a aumentar o valor de mérito do material e a temperatura máxima de funcionamento do dispositivo. Os materiais em desenvolvimento baseiam-se nos calcogenetos de lantânio e nos compostos de boro e carbono [31].

Continuam as tentativas para melhorar o desempenho dos materiais baseados em ligas de silício e germânio. O principal esforço, que foi inicialmente dirigido para a redução da condutividade térmica da rede através da introdução de desordem adicional na estrutura da liga [32-36], está a ser deslocado para a melhoria do fator de potência eléctrica [37]. Além disso, o crescente interesse e envolvimento do Japão em todo o espetro de actividades termoeléctricas é um indicador de um futuro aumento da exploração comercial deste fenómeno único de conversão de energia.

Os termoeléctricos baseiam-se no Efeito Peltier, O Efeito Peltier é um dos três efeitos termoeléctricos; os outros dois são conhecidos como Efeito Seebeck e Efeito Thomson. Enquanto os dois últimos efeitos actuam num único condutor, o Efeito Peltier é um fenómeno típico de junção.

Os refrigeradores termoeléctricos são bombas de calor de estado sólido utilizadas em aplicações que requerem estabilização da temperatura, ciclos de temperatura ou arrefecimento abaixo da temperatura ambiente. Existem muitos produtos que utilizam refrigeradores termoeléctricos, incluindo câmaras CCD (dispositivo de carga acoplada), díodos laser, microprocessadores, analisadores de sangue e refrigeradores de piquenique portáteis. Este artigo aborda a teoria subjacente ao refrigerador termoelétrico, juntamente com os parâmetros térmicos e eléctricos envolvidos.

O arrefecedor termoelétrico tem sido amplamente utilizado em produtos militares, aeroespaciais, instrumentos e produtos industriais ou comerciais, como dispositivo de arrefecimento para fins específicos. Esta tecnologia existe há cerca de 40 anos. Muitos investigadores estão preocupados com as propriedades físicas do material termoelétrico e com a técnica de fabrico dos módulos termoeléctricos. Os módulos termoeléctricos são bombas de calor de estado sólido que utilizam o efeito Peltier. Durante o funcionamento, a corrente contínua flui através do módulo termoelétrico, fazendo com que o calor seja transferido de um lado para o outro do dispositivo termoelétrico, criando um lado frio e um lado quente. Por conseguinte, a ênfase da investigação recente tem sido a melhoria do COP dos sistemas de arrefecimento termoelétrico através do desenvolvimento de novos materiais para os módulos termoeléctricos, da otimização da conceção e do fabrico do sistema de módulos e da melhoria da eficiência da permuta de calor (dissipador de calor e redutor de calor).

Agora explicamos a teoria do funcionamento do sistema de arrefecimento termoelétrico que incorpora uma fonte de energia para fornecer uma corrente contínua através do circuito elétrico, um módulo termoelétrico com pelo menos um dissipador de calor e pelo menos uma fonte de calor, e um conjunto de controlo [Riffat 2004].

O módulo termoelétrico é um conversor de energia de estado sólido que consiste num conjunto de termopares ligados eletricamente em série e termicamente em paralelo. Um termopar é constituído por dois termoelementos semicondutores diferentes, que geram um efeito de arrefecimento termoelétrico (efeito Peltier-Seebeck) quando é aplicada uma tensão na direção apropriada através da junção ligada. O módulo termoelétrico funciona geralmente com dois dissipadores de calor ligados aos seus lados quente e frio, a fim de melhorar a transferência de calor e o desempenho do sistema. Para um módulo específico e temperaturas fixas do lado quente/frio, existe uma corrente óptima para o coeficiente máximo de desempenho (COP), como se mostra

na Eq. (1) [2]. [A Fig. 1 mostra a variação do COP de arrefecimento de um módulo termoelétrico sob corrente óptima com temperatura fixa do lado quente de 300 K.

$$\textbf{(COP) c, max} \tag{1}$$

Onde, ZTm é a figura de mérito do material termoelétrico à temperatura média do lado quente e do lado frio Tm.

Existem bons artigos de revisão sobre tecnologias e aplicações termoeléctricas, incluindo modelação e análise de módulos termoeléctricos [3], tecnologias termoeléctricas baseadas na energia solar [4], arrefecimento, aquecimento, produção de energia e recuperação de calor residual [5, 6].

Riffat e Ma [2] apresentaram uma revisão da melhoria do COP para sistemas de arrefecimento termoelétrico em 2004. A investigação recente fornece dois caminhos possíveis que podem levar a um progresso significativo no arrefecimento termoelétrico [4]:

1) Melhorar as eficiências intrínsecas dos materiais termoeléctricos, e

2) Para melhorar o design e a otimização térmica do sistema de arrefecimento

termoelétrico com base nos módulos termoeléctricos atualmente disponíveis. Este trabalho de revisão centra-se no desenvolvimento do arrefecimento termoelétrico na última década, com especial atenção para os avanços em materiais, abordagens de modelação e otimização, e aplicações [Zhao2014].

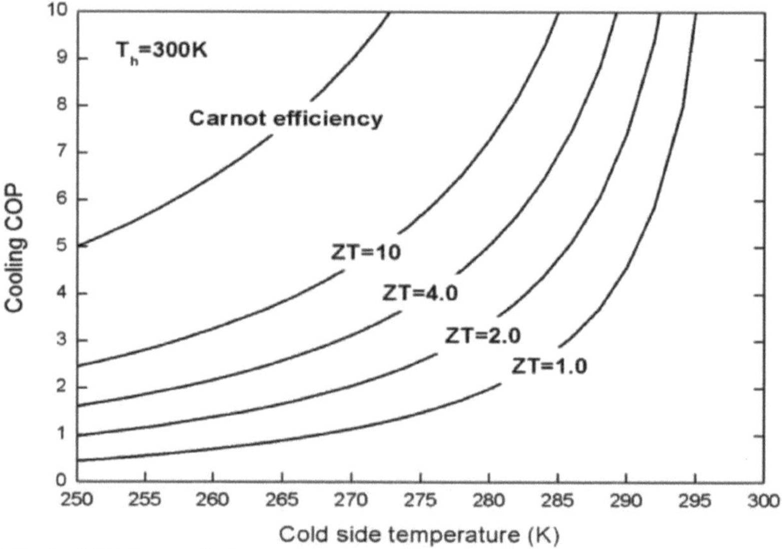

Fig.1. COP de arrefecimento de um módulo termoelétrico sob corrente eléctrica óptima com temperatura fixa do lado quente de 300 K.

A utilização da energia termoeléctrica (efeito Peltier) na produção de energia para gerar energia como gerador através da utilização da energia solar tornou-se cada vez mais importante à medida que a crise de recursos se torna mais grave. Em geral, existem duas formas de converter a energia solar diretamente em energia eléctrica através da utilização de materiais energéticos: a tecnologia fotovoltaica e a tecnologia termoeléctrica. A primeira tem sido amplamente utilizada, mas a segunda continua a ser um tema de investigação quente para os cientistas. Os geradores termoeléctricos podem converter a energia térmica diretamente em energia eléctrica através do efeito Seebeck; ou seja, quando é criada uma diferença de temperatura através do dispositivo termoelétrico e uma carga externa está devidamente ligada, desenvolve-se uma tensão de corrente contínua (CC) nos elementos termoeléctricos e uma corrente eléctrica flui através da carga. Nos últimos anos, esta tecnologia tem sido de grande interesse na aplicação de energia devido às suas vantagens bem conhecidas, como a ausência de peças móveis, boa estabilidade, elevada fiabilidade, respeito pelo ambiente e longa vida útil. Com o desenvolvimento da tecnologia termoeléctrica, as ideias para geradores solares termoeléctricos [50-53] são uma forma popular, mas pouco eficiente, de remover o calor de componentes eléctricos de elevada dissipação de energia. Os requisitos para a remoção de calor de componentes electrónicos críticos estão a aumentar rapidamente à medida que a eletrónica se torna mais capaz e, ao mesmo tempo, mais compacta. É bem sabido que, para que um gerador termoelétrico atinja uma eficiência elevada, a figura de mérito (ZT) dos materiais termoeléctricos aplicados deve ser tão elevada quanto possível e a diferença de temperatura através do dispositivo termoelétrico também deve ser muito grande. Nos últimos anos, foram feitos esforços consideráveis para melhorar os valores de ZT através da exploração de novas classes de materiais termoeléctricos avançados e de materiais termoeléctricos nanoestruturados [54,55] Uma liga de telureto de bismuto e antimónio (BiSbTe) de alto desempenho e baixo custo com um ZT de pico de (1.4 a 100° C)[56], que tem dominado a produção de energia de alta eficiência a baixas temperaturas, e a utilização no arrefecimento O arrefecimento termoelétrico (efeito Peltier) é uma forma popular, mas pouco eficiente, de remover o calor de componentes eléctricos de elevada dissipação de energia. Os requisitos para a remoção de calor de componentes electrónicos críticos estão a aumentar rapidamente à medida que a eletrónica se torna mais capaz e, ao mesmo tempo, mais compacta. O arrefecimento termoelétrico nesta e noutras aplicações de arrefecimento de componentes electrónicos é frequentemente preferido em relação a outros meios, porque os termoeléctricos são silenciosos, compactos, fiáveis e duradouros. Além disso, a potência de arrefecimento pode ser modulada para manter uma temperatura fixa. O arrefecimento termoelétrico, normalmente designado por tecnologia de arrefecimento que utiliza refrigeradores termoeléctricos (TEC), tem as vantagens de uma elevada fiabilidade, ausência de peças mecânicas móveis, tamanho compacto e peso reduzido, e ausência de fluido de trabalho. Além disso, tem a vantagem de poder ser alimentado por fontes eléctricas de corrente contínua (CC), tais como células fotovoltaicas (PV), células de combustível e fontes eléctricas de CC para automóveis.

Embora os fenómenos termoeléctricos tenham sido descobertos há mais de 150 anos, os dispositivos termoeléctricos (refrigeradores TE) só foram aplicados comercialmente nas últimas décadas. Durante algum tempo, os TE comerciais desenvolveram-se em paralelo com duas direcções principais do progresso técnico - a eletrónica e a fotónica, em especial a optoelectrónica e as técnicas laser. Ultimamente, tem-se observado um aumento dramático na aplicação de soluções de TE em dispositivos optoelectrónicos, tais como lasers de díodos, díodos super luminescentes (SLD), vários fotodetectores, lasers de estado sólido bombeados por díodos (DPSS), dispositivos de carga acoplada (CCD), matrizes de plano focal (FPA) e outros, O efeito de aquecimento ou arrefecimento nas junções de dois condutores diferentes expostos à corrente foi designado em honra do relojoeiro francês Jean Peltier (1785-1845), que o descobriu em 1834. Verificou-se que, se uma corrente passar pelos contactos de dois condutores diferentes num circuito, surge um diferencial de temperatura entre eles. Este fenómeno brevemente descrito é a base da termoeletricidade e é aplicado ativamente nos chamados módulos de arrefecimento termoelétrico, como se pode ver na figura (2) [57].

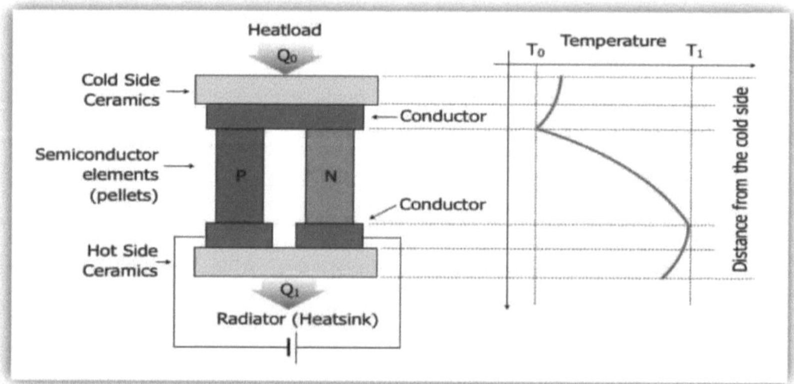

Fig.2. Esquema simplificado do módulo TE e do diferencial de temperatura ao longo do mesmo[57].

Capítulo 1

1. CONSTRUÇÃO DO ARREFECEDOR TERMOELÉCTRICO

Um módulo TE é um dispositivo composto por pares termoeléctricos (pernas semicondutoras de tipo N e P) ligados eletricamente em série, em paralelo termicamente e, fixados por soldadura, ensanduichados entre duas placas cerâmicas. Estas últimas formam os lados quente e frio do refrigerador termoelétrico (TEC). A configuração dos refrigeradores termoeléctricos é mostrada nas Figuras (3) e (4) [57]. Um módulo de estágio único consiste em uma matriz de pastilhas e um par de lados frio e quente (ver Figura 3). Um módulo de vários estágios pode ser visto como dois (ver Figura 4) ou mais estágios simples empilhados uns sobre os outros. A construção de um módulo multiestágio é geralmente do tipo piramidal, sendo cada estágio inferior maior do que o superior. Quando a fase superior é utilizada para arrefecimento, a fase inferior necessita de uma maior capacidade de arrefecimento para bombear o calor dissipado pela fase superior.

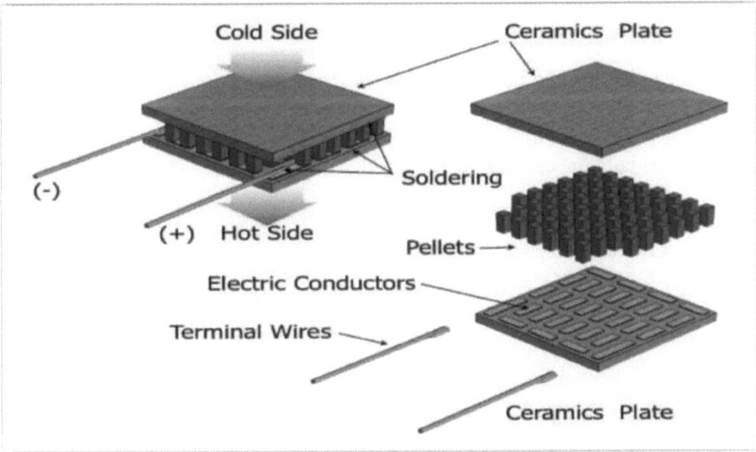

Fig. 3 - Construção de um refrigerador termoelétrico de fase única

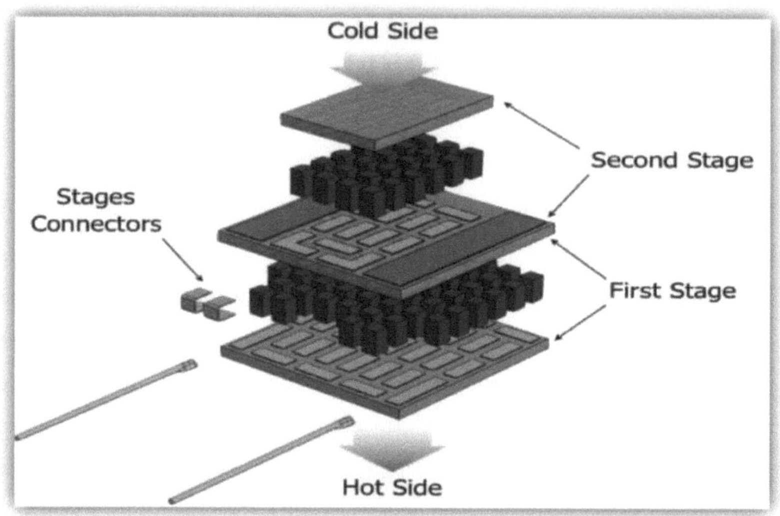

Fig. 4 Construção do arrefecedor termoelétrico de duas fases
Normalmente, um módulo CTEE é constituído pelas seguintes partes

- Matriz regular de elementos TE - Pellets: Normalmente, são utilizados semicondutores como o telureto de bismuto (BiTe), o telureto de antimónio ou as suas soluções sólidas. Os semicondutores são os melhores entre os materiais conhecidos devido ao seu complexo desempenho ótimo em matéria de TE e às suas propriedades tecnológicas. O material BiTe é o mais típico para o arrefecedor TE.

- Placas cerâmicas: camadas cerâmicas frias e quentes (e intermédias para refrigeradores de várias fases) de um módulo. As placas proporcionam a integridade mecânica de um módulo TE. Devem satisfazer requisitos rigorosos de isolamento elétrico de um objeto a arrefecer e do dissipador de calor. As placas devem ter boa condutividade térmica para proporcionar transferência de calor com resistência mínima. A cerâmica de óxido de alumínio (Al2O3) é a mais utilizada devido à óptima relação custo/desempenho e à técnica de processamento desenvolvida. Outros tipos de cerâmica, como o nitreto de alumínio (AlN) e o óxido de berílio (BeO), também são utilizados. Estes têm uma condutividade térmica muito melhor - cinco a sete vezes mais do que o Al2O3 - mas são ambos mais caros. Para além disso, a tecnologia BeO é venenosa.

- Condutores eléctricos: proporcionam o contacto elétrico em série das pastilhas entre si e os contactos com os fios condutores. Para a maior parte dos arrefecedores TE em miniatura, os condutores são fabricados como películas finas (estrutura multicamada contendo cobre (Cu) como condutor) depositadas em placas de cerâmica. Para os arrefecedores de grande dimensão e alta potência, são fabricados a partir de pastilhas de Cu para reduzir a resistência.

- Soldas: permitem a montagem do módulo TE. As soldas mais utilizadas são as ligas de chumbo-estanho (Pb-Sn), antimónio-estanho (Sn-Sb) e ouro-estanho (Au-Sn). As soldas devem permitir uma boa montagem do módulo TE. O ponto de fusão de uma solda é um dos factores limitantes dos processos de refluxo do TE Cooler e da temperatura de funcionamento. Os fios condutores estão ligados aos condutores finais e fornecem energia a partir de uma fonte eléctrica de corrente contínua (CC) [57].

2. EFEITO TERMOELÉCTRICO DE UMA JUNÇÃO *p-n*

Os efeitos termoeléctricos com portadores fora do equilíbrio na presença de barreiras de potencial foram considerados e descritos, a dependência anormal da temperatura da potência termoeléctrica num ponto de contacto de um semicondutor e um metal, imputada ao efeito da potência termoeléctrica da barreira, excedendo a do volume em várias vezes. O arrefecimento termoelétrico em díodos semicondutores com junções *p-n* estreitas e largas tem sido considerado como, A potência termoeléctrica correspondente à queda máxima de temperatura na transferência de calor por portadores fora do equilíbrio parece ser quase a mesma que no caso de portadores em equilíbrio, a potência termoeléctrica de uma junção *p-n*. A potência termoeléctrica de um conjunto de junções *p-n* e *n-p* ligadas em série é a soma dos componentes, os aglomerados que constituem uma super-rede 3D são *do tipo p* e as regiões *do tipo n* são formadas nas ligações, formando-se então uma estrutura *p-n-p* nas ligações. A soma das potências termoeléctricas de um grande número de junções ligadas em série pode explicar a elevada potência termoeléctrica medida. Assumindo que as ligações têm uma densidade de portadores (electrões) mais baixa do que os aglomerados, obtemos um sinal positivo da potência termoeléctrica para todas as junções *p-n* [58].

3. A EFICIÊNCIA DAS CENTRAIS TERMOELÉCTRICAS

A eficiência dos dispositivos termoeléctricos é determinada pela figura de mérito (ZT) sem dimensão dos materiais, definida como:

$$ZT = (S^2 o/k)\, T \qquad \text{--------------------------------- (2)}$$

Onde: S, o, k, e T são o coeficiente de Seebeck, a condutividade eléctrica, a condutividade térmica, e a temperatura absoluta, respetivamente. Para que um dispositivo termoelétrico seja competitivo, é necessário um ZT médio na gama de temperaturas de aplicação superior a 1 [59-61].

O valor ZT de um material termoelétrico pode ser melhorado aumentando o coeficiente de Seebeck e a condutividade eléctrica e diminuindo a condutividade térmica. No entanto, é difícil medir a condutividade térmica de películas finas, pelo que os investigadores se têm concentrado principalmente no fator de potência (S2o) para a caraterização termoeléctrica. Desde a década de 1950 que se têm feito esforços para melhorar o ZT, mas o pico de ZT dos materiais comerciais dominantes baseados em Bi2Te3 e suas ligas, como o BixSb2-xTe3 (tipo p), tem-se mantido inalterado nos últimos anos, pelo que, durante a última década, vários grupos relataram um aumento de ZT em super-redes como Bi2Te3/Sb2Te3 [62] e (PbSe0.98Te0.02/PbTe) [63] devido a reduções na condutividade térmica da rede, e em novos materiais a granel, como o telureto de prata e antimónio e suas ligas [64], incluindo as skutterudites [65]. Embora tenham sido registados valores elevados de ZT em estruturas de super-rede, revelou-se difícil utilizá-los em aplicações de conversão de energia em grande escala devido a limitações tanto na transferência de calor como no custo. Os materiais a granel com ZT melhorado, tais como LAST e skutterudites, são ideais para operações a alta temperatura, no entanto, perto da temperatura ambiente (0° a 250°C),

Os materiais à base de Bi2Te3 continuam a dominar.

O elevado ZT nas gamas de temperatura de (25°C a 250°C) torna os materiais a granel NC (nanocristalinos) atractivos para aplicações de arrefecimento e de recuperação de calor residual de baixo grau. Os materiais podem também ser integrados em dispositivos termoeléctricos segmentados para a produção de energia termoeléctrica que funciona a altas temperaturas. Para além dos elevados valores de ZT, os materiais a granel NC são também isotrópicos. Não sofrem do problema de clivagem que é comum nos lingotes tradicionais de fusão por zona, o que facilita o fabrico de dispositivos e a integração de sistemas, bem como uma vida útil potencialmente mais longa dos dispositivos.

O telureto de bismuto (Bi2Te3) e os seus compostos derivados são alguns dos materiais mais interessantes no domínio da investigação termoeléctrica, devido aos seus valores superiores de ZT perto da temperatura ambiente. Foram testados diferentes métodos de deposição de Bi2Te3, incluindo a co-espersão [66], a co-evaporação [67], a deposição de vapor químico orgânico metálico (MOCVD) [68], a deposição de laser pulsado (PLD) [69], o processo de pós-recozimento tem um impacto crítico no material semicondutor e pode alterar as suas caraterísticas de transporte elétrico. As propriedades termoeléctricas dos materiais à base de Bi2Te3 são melhoradas pelo processo de pós-recozimento através da alteração dos seus defeitos superficiais, da dimensão dos grãos e da concentração de portadores [70]. O interesse continuado nas vantagens existentes e potenciais do arrefecimento termoelétrico tem gerado avanços tecnológicos na última geração de arrefecedores termoeléctricos que melhoram extremamente a eficácia e a eficiência.

Quando falamos de eficiência, referimo-nos normalmente à quantidade de "trabalho" produzido por uma máquina em relação à quantidade de energia que lhe é aplicada. A eficiência no arrefecimento é descrita utilizando o termo "coeficiente de desempenho". O Coeficiente de Desempenho (COP) é o rácio entre a energia térmica removida e a quantidade de energia eléctrica fornecida. Durante os últimos anos, a maioria dos refrigeradores termoeléctricos disponíveis no mercado funcionou com um COP tão baixo quanto (0,3). Isto significa que por cada (1 Watt) de energia eléctrica investida, apenas (0,3 Watts) de energia térmica eram removidos, o que não é de todo muito eficiente. Atualmente, as melhorias de conceção do COP dos refrigeradores termoeléctricos podem atingir (1,2).

Uma das principais melhorias no design que tem ajudado a aumentar a eficiência dos refrigeradores termoeléctricos é o controlo ativo, e uma das melhores metodologias de controlo para uma utilização eficiente da energia (e uma vida útil melhorada) é a Modulação por Largura de Impulso (PWM). Com a PWM, a energia para o arrefecedor termoelétrico é ligada e desligada rapidamente a uma frequência constante. Isso cria um pulso de onda quadrada de energia durante um período de tempo constante com uma largura que pode ser variada para criar uma tensão média. Como isto ocorre muito rapidamente, os elementos termoeléctricos não têm tempo suficiente para alterar a temperatura em resposta à alteração do impulso. Como resultado, os elementos assumirão a capacidade de arrefecimento da média V.

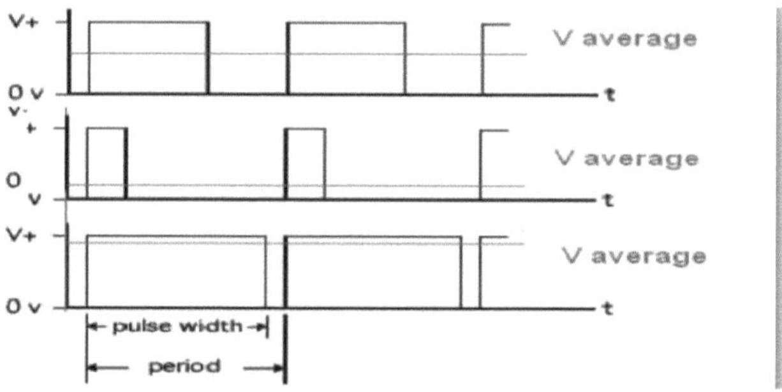

**Figura. 5. Ilustração da Modulação por Largura de Pulso (PWM)
[25].** Ligar e desligar a tensão desta forma permitirá que o arrefecedor termoelétrico ofereça maior capacidade de arrefecimento e eficiência, fazendo mais trabalho enquanto consome menos energia. Outra vantagem desta melhoria de design é que, uma vez que o elemento termoelétrico no interior do arrefecedor termoelétrico vê uma média de V constante, não pára e arranca repetidamente, o que leva a uma maior vida útil e durabilidade. Adicionalmente, um aumento de (60%) na eficiência energética pode ser obtido através da utilização de ventiladores de velocidade variável e de "arranque suave" [71].

Capítulo 2

4. Princípios de funcionamento do arrefecimento e aquecimento termoeléctricos:

Quando as duas extremidades de um fio se mantêm a uma diferença de temperatura ($\_/T$), é gerada uma tensão (I) entre as duas extremidades. Este fenómeno é conhecido como efeito Seebeck e é definido por:

$$I = \qquad \dots\dots\dots\dots\dots\dots\dots\dots\dots\dots\dots\dots(3)$$

Onde, é o coeficiente de Seebeck (V K^{-1}) que é determinado pelas propriedades do material do fio e $^\wedge T$ é a diferença de temperatura (K). O efeito Seebeck é o princípio de funcionamento dos termopares amplamente utilizados para medir uma diferença de temperatura. Quando uma corrente eléctrica (I) (A) passa pelo mesmo fio, a corrente converte a energia eléctrica num gradiente de temperatura, de modo que a temperatura de uma extremidade diminui e a da outra aumenta, o que é conhecido como efeito Peltier e pode ser definido por

$$Q = -I \qquad \dots\dots\dots\dots\dots\dots\dots\dots\dots(4)$$

Onde - é o coeficiente de Peltier (V) e Q é o calor de Peltier (W). O efeito Peltier é o oposto do efeito Seebeck. O coeficiente de Peltier (-) é o produto do coeficiente de Seebeck ($:_\math£$ j do material do fio e a temperatura absoluta (T) (K), como mostra a Eq. (4):

$$- = sfT \qquad \dots\dots\dots\dots\dots\dots\dots\dots(5)$$

Uma vez que o calor pode ser transferido contra o gradiente de temperatura de acordo com o efeito Peltier, a extremidade fria do fio é capaz de absorver calor para arrefecimento e a extremidade quente é capaz de libertar calor para aquecimento.

A unidade de trabalho básica do aquecimento e arrefecimento termoeléctricos é o elemento termoelétrico, que consiste num par de semicondutores do tipo n e do tipo p, como se mostra na Fig. 6(a). O gradiente de temperatura é formado nos dois lados de um elemento termoelétrico, quando uma corrente direta passa do semicondutor de tipo n para o condutor (cobre) e depois do condutor para o semicondutor de tipo p. A temperatura numa junção (lado frio) diminui e o calor é absorvido do ambiente. Entretanto, a temperatura na outra junção (lado quente) aumenta e o calor é rejeitado para o ambiente. A inversão dos lados quente e frio pode ser facilmente conseguida invertendo o sentido da corrente. As capacidades de arrefecimento e aquecimento de um elemento termoelétrico são normalmente muito baixas; por isso, vários elementos termoeléctricos são montados para formar um módulo termoelétrico (TEM). Os TEMs são também conhecidos como bombas de calor activas de estado sólido porque os seus lados frio e quente podem ser comutados invertendo a direção da corrente. Um TEM de um só estágio é montado ligando um certo número de elementos termoeléctricos eletricamente em série mas termicamente em paralelo e ensanduichados entre duas placas cerâmicas, como se mostra na Fig. 6(b).

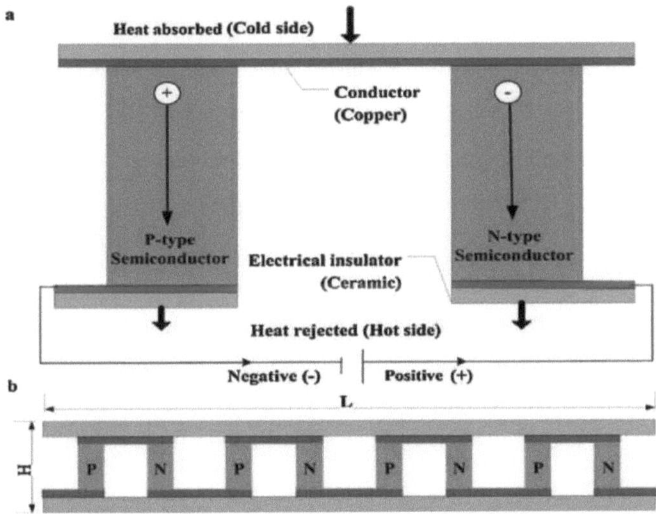

Fig.6. Diagrama esquemático de (a) elemento termoelétrico e (b) módulo termoelétrico.

O desempenho de um TEM é largamente determinado por uma propriedade do seu material, ou seja, o valor de mérito (Z). Quanto maior for o valor de mérito, melhor é o desempenho do material termoelétrico. Um Z grande é benéfico para obter uma grande diferença de temperatura entre os lados frio e quente. Uma vez que Z varia com a temperatura, o valor de ZT é dado pela Eq. (6), em que, é o coeficiente de Seebeck, - é a condutividade eléctrica (Q m^{-1}), k é a condutividade térmica (W m^{-1} K^{-1}) e T é a temperatura absoluta do material termoelétrico (K).

Apenas quando (ZT > 0,5), o material pode ser utilizado como material termoelétrico:

$$ZT^{\wedge} \quad \dfrac{}{\kappa} \quad \dots\dots\dots\dots\dots (6)$$

22

4.1. Formulação das capacidades e do coeficiente de desempenho da termoeléctrica:

Num processo de arrefecimento e aquecimento termoelétrico, estão envolvidos quatro tipos de calor. São eles o arrefecimento de Peltier, o calor de Peltier, o calor de Joule e o calor de Fourier. O arrefecimento de Peltier (Qpc) transferido para o lado frio de um TEM pode ser definido por:

$$Qpc = \dots\dots\dots\dots\dots\dots\dots (7)$$

E o calor de Peltier (Qph) transferido no lado quente de um TEM é definido por:

$$Qph = \dots\dots\dots\dots\dots (8)$$

Em que Tc (K) e Th (K) são as temperaturas do lado frio e do lado quente, respetivamente.

Quando a corrente flui através de um TEM, o calor de Joule (QJ), definido pela Eq. (9), é gerado no interior do TEM devido à resistência eléctrica. Pode-se assumir que 50% do calor de Joule vai para o lado frio e os outros 50% vão para o lado quente [14].

$$Qj=\wedge \quad\dots\dots\dots\dots\dots\dots (9)$$

R é a resistência eléctrica do TEM (Q).

O calor de Fourier é o calor conduzido do lado quente para o lado frio devido à condutividade térmica do material termoelétrico e ao gradiente de temperatura. O fluxo de calor por condução (Qk) é dado por:

$$Qk = K\,(Th - Tc) \quad\dots\dots\dots\dots\dots (10)$$

Onde: K é a condutância térmica do TEM (W K^{-1}).

Considerando o balanço térmico dos quatro tipos de calor nas Eqs. (6)- (10), a taxa de absorção de calor no lado frio, ou seja, a capacidade de arrefecimento (Qc), e a taxa de rejeição de calor no lado quente, ou seja, a capacidade de aquecimento (Qh), podem ser obtidas através das Eqs. (11) e (12), respetivamente:

$$Qc=;<-; -5;^{.} \text{л} - \text{л} \quad\dots\dots\dots\dots (11)$$

$$Qh= -5;^{.} ? - \text{л} - \Gamma\text{-j} \quad\dots\dots\dots\dots\dots (12)$$

A potência eléctrica de entrada do TEM é dada por:

$$P=;;;-; \quad\dots\dots\dots\dots\dots\dots (13)$$

O coeficiente de desempenho do TEM no modo de arrefecimento (COPc) é dado por:

$$COPc= \quad\dots\dots\dots\dots\dots\dots(14)$$

O coeficiente de desempenho do TEM no modo de aquecimento (COPh) é dado por:

$$COPc= \quad\quad (15)$$

Um refrigerador termoelétrico altamente eficiente depende do coeficiente de desempenho do módulo [limei shen 2013].

5. Díodo laser:

Os lasers de díodo semicondutores de alta potência, como as suas pequenas dimensões, peso leve e elevada eficiência, têm sido amplamente utilizados nos domínios industrial, militar, médico, das comunicações e outros, impulsionados pela crescente procura de fontes de bombeamento laser de alta potência e de aplicações diretas de processamento industrial, Foram realizados enormes progressos nos principais desempenhos electrónicos ópticos dos lasers de díodos semicondutores de alta potência, tais como potência de pico ultra-elevada, eficiência de conversão electro-ótica super-elevada, baixa divergência do feixe, alto brilho, largura de linha de espetro estreito, alta temperatura de funcionamento, alta fiabilidade, estabilização do comprimento de onda e funcionamento em modo transversal fundamental, etc.

A gestão térmica e as tensões térmicas são problemas críticos de empacotamento do díodo laser de alta potência. Será necessário recorrer a métodos de arrefecimento de conjuntos e pilhas de lasers semicondutores que estarão diretamente relacionados com o tempo de vida dos lasers e com o método de arrefecimento para arrefecer o díodo laser, utilizando um arrefecedor termoelétrico, dissipadores de calor de macro-canais, jato de imersão de líquido ou arrefecimento por pulverização, micro-canais e micro-canais de calor para controlar a sua temperatura [1].

Muitos investigadores trabalharam arduamente para controlar a temperatura do díodo laser quando este funciona à temperatura ambiente, acima e abaixo da temperatura de estabilização pretendida (25° C).

É fácil de embalar e a sua capacidade de arrefecimento é suficientemente grande para o díodo laser e esta embalagem consiste numa submontagem (placa de base) ou num dissipador de calor, que é posteriormente montado no TEC para uma rápida transferência de calor. Todo o conjunto é então montado num dissipador de calor de cobre puro ou de cobre-tungsténio (base da embalagem) para uma dissipação de calor e um arrefecimento avançados. O díodo laser de alta potência converte a energia eléctrica em energia luminosa e o resto é gerado como calor residual e tem de ser dissipado num curto espaço de tempo, caso contrário, causaria stress térmico na barra do díodo laser e, eventualmente, causaria danos irreversíveis ao laser. Um design de embalagem de arrefecimento eficiente causará uma má qualidade do produto, uma vez que a temperatura do núcleo do dispositivo tem uma influência direta na figura do comprimento de onda de saída (7).

Daí a necessidade de utilizar vários métodos de arrefecimento no processo de arrefecimento do laser de embalagem e estes métodos de arrefecimento tentam manter a energia luminosa sem distrair e tentam dissipar o calor gerado pelos métodos de arrefecimento, este processo destina-se a manter a ação do laser e a sua temperatura, o desempenho e a longevidade do díodo laser dependem da gestão térmica do mesmo e para alcançar uma elevada eficiência do díodo laser.

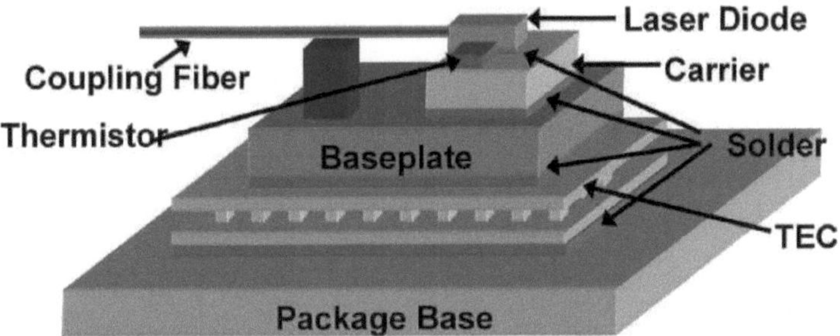

Fig (7) Estrutura esquemática de um pacote típico de laser de bomba

Esta revisão centra-se no arrefecimento do díodo laser nesta investigação para controlar a sua temperatura, que é a preocupação crucial para a conceção do díodo laser de alta potência e também para dissipar o elevado fluxo de calor que é gerado a partir dele.

Este artigo faz uma revisão do desenvolvimento do sistema de gestão térmica do díodo laser, analisa o problema existente do método de arrefecimento e dá orientações para melhorar o sistema de arrefecimento. Em primeiro lugar, apresentamos o desenvolvimento do díodo laser e os problemas existentes na gestão térmica do díodo laser, para melhorar a estratégia de controlo e a conceção do controlador para proporcionar a regulação da temperatura e resolver a dificuldade técnica da combinação de vários feixes colados, depois desenvolvemos a tecnologia do laser de fusão e o tempo de atraso entre a aplicação do arrefecimento e a emissão do impulso laser.

Enquanto alguns investigadores melhoraram a dissipação de calor do substrato e calcularam os modelos analíticos da resistência térmica do laser em diferentes configurações, desenvolveram um conceito inovador de câmara de vapor que incorpora mechas híbridas de duas estruturas integradas e melhoraram a forma de utilizar a interface térmica solda-(TIMS)

Os materiais para aplicações de alta potência são comparados com a massa térmica, enquanto os TIMS são utilizados para transportar o calor para longe da fonte de energia, os investigadores utilizam derivações térmicas metálicas e derivações térmicas de poli-si para melhorar a impedância térmica do laser, melhorando outro método como o micro canal e o micro tubo de calor para controlar o laser de díodo de alta potência e outro que utiliza um tubo de calor em miniatura em forma de disco como substrato com múltiplas ranhuras para melhorar a gestão térmica do micro tubo de calor.

Em segundo lugar, analisa o sistema TEC para o sistema de energia solar espacial e calcula o perfil térmico em estado estacionário e transitório para a estrutura do díodo laser, analisando depois o fluxo de calor em (2.3 pm), que se baseia em ligas de Gasb como propagador de calor, alguns investigadores analisaram o dissipador de calor de microcanais para o espelho laser de elevado desempenho com arrefecimento a água para melhorar o desempenho do dissipador de calor de microcanais e o comportamento térmico transitório do semicondutor de pacote arrefecido a água e outro analisou a gestão térmica do díodo laser utilizando o fluorocarbono como (R- 134a, Fc-72, Fc-87) e amoníaco para controlar a sua temperatura.

Em terceiro lugar, apresentamos a comparação de diferentes métodos de arrefecimento atualmente em desenvolvimento na investigação para resolver o desafio do arrefecimento do elevado fluxo de calor no díodo laser e para manter o sinal forte no díodo laser e uma melhor qualidade do produto.

6. O sistema de gestão térmica do díodo laser

6.1 Arrefecimento TEC

O arrefecedor termoelétrico tem sido amplamente utilizado em produtos militares, aeroespaciais, instrumentos e produtos industriais ou comerciais, como dispositivo de arrefecimento para fins específicos. Esta tecnologia existe há cerca de 40 anos. Muitos investigadores estão preocupados com as propriedades físicas do material termoelétrico e com a técnica de fabrico dos módulos termoeléctricos. Os módulos termoeléctricos são bombas de calor de estado sólido que utilizam o efeito Peltier. Durante o funcionamento, a corrente contínua flui através do módulo termoelétrico, fazendo com que o calor seja transferido de um lado para o outro do dispositivo termoelétrico, criando um lado frio e um lado quente. A ênfase da investigação recente tem sido, por conseguinte, a melhoria do COP dos sistemas de arrefecimento termoelétrico através do desenvolvimento de novos materiais para os módulos termoeléctricos, da otimização da conceção e do fabrico do sistema de módulos e da melhoria da eficiência da permuta de calor (dissipador de calor e redutor de calor) [2].

O sistema de gestão térmica do refrigerador termoelétrico (TEC) é um componente essencial da nova geração avançada de sistemas de fabrico baseados em laser, que deverá oferecer uma vasta gama de modos de parâmetros de maquinagem. O tempo de transição entre estes modos de funcionamento individuais é uma importante restrição de desempenho que é normalmente limitada pelo tempo de resposta do sistema de gestão térmica do sistema de bomba do laser. Um laser de díodo é normalmente utilizado como fonte de bomba para o laser de fibra, o comprimento de onda da luz da bomba depende da temperatura da junção p-n, que está correlacionada com a potência da bomba. Os módulos TEC são a escolha preferida para serem utilizados como atuador de um tal sistema de gestão térmica devido à sua aplicação (arrefecimento/aquecimento), natureza de estado sólido, Muitos investigadores utilizaram um TEC para manter a temperatura da sub-montagem do díodo laser a 25º C porque o TEC é utilizado como dissipador de calor para manter o dissipador de calor a uma temperatura constante [15].

[M. Gasik] estudou a análise e otimização do sistema TEC para sistemas de energia solar e concluiu que o rácio ótimo entre a corrente do sistema TEC e o fator de forma do elemento é de ~132 A/cm para um material homogéneo, mas desce para ~70 A/cm para o semicondutor Bi2Te3 graduado e o valor COP de ~0,85 para o TEC FGM foi obtido dentro de limites realistas dos parâmetros do sistema [3]. [v. Novak] estudou a resposta em estado estacionário, a resposta transitória e a eficiência do sistema de gestão térmica baseado no TEC para melhorar a conceção do controlo da regulação da temperatura, dependendo da conceção do sistema de gestão térmica baseado no controlador de tensão variável que oferece uma vantagem significativa em termos de desempenho em relação à conceção de modulação de largura de impulsos [4]; [M.N. Sysak] apresentou lasers híbridos de silício, utilizando derivações térmicas de metal e derivações térmicas de poli-Si para melhorar a impedância térmica do laser, este poli-silício tem uma impedância térmica de (18.3° C /W) em caso plano e reduz a temperatura da região ativa de (71° C para 45,7° C) com a mesma corrente de injeção de 10 mA, uma redução de ~35%[5], [S.L.Vetter] define diretrizes para uma gestão térmica eficaz de lasers de disco de semicondutores (SDLs), a configuração do espalhador de calor é uma plaqueta transparente e altamente condutora de calor, então os SDLs com espelhos de AlGaAs podem ser arrefecidos de forma eficiente utilizando a montagem em dispositivos finos como estratégia de gestão térmica[6], [S.C. Chaparala e Tongeren] utilizaram o TEC como base do dissipador de calor para manter a temperatura a 25°C quando trabalham à temperatura ambiente [7,22], [D.Y.qiu] explica que compara os métodos de gestão térmica dos lasers de placas com bomba de díodo de alta potência, os lasers de capacidade térmica, o sistema US Mercury, os lasers de fibra e os lasers de vapor alcalino com bomba de díodo (DPAL), tendo constatado que estes métodos de gestão térmica do laser com bomba de díodo os lasers de vapor alcalino com bomba de díodo (DPALs) excedem-nos em muitos parâmetros com a modificação da geometria e o ajustamento dos parâmetros operacionais do laser e os seus resultados explicam que o arrefecimento do meio laser por condução é altamente eficiente e que a gestão térmica é uma preocupação crucial para a conceção de lasers de alta potência[8], [J.Wang] Relatou o comportamento térmico de um conjunto de lasers semicondutores de 250W de onda quase contínua (QCW), arrefecidos por condução e embalados em lasers de díodo de alta potência (HPLDAs), embalados na estrutura arrefecida por condução, com a parte inferior do dissipador de calor fixada com um TEC, este TEC pode manter a superfície do dissipador de calor a 25° C[9], [V. Spagnolo] Comparou o desempenho térmico de lasers quânticos em cascata (QCLs) de GaInAs/AlInAs de infravermelhos médios com um meio de ganho idêntico para diferentes configurações de dissipadores de calor e, em seguida, utilizou uma galvanoplastia de ouro espessa e a montagem do dispositivo no lado da camada epi para melhorar a gestão térmica deste dispositivo e reduzir a resistência térmica entre ~34% e ~50%, respetivamente, em relação às estruturas convencionais de guia de ondas de crista Si3N4 camada dieléctrica para melhorar o desempenho térmico do laser quântico em cascata de infravermelhos médios [10], [J. Fu] estudou a gestão térmica de lasers de semicondutores emissores de bordos de um

O dispositivo de teste de laser microfabricado para diferentes aspectos dos efeitos geométricos das estruturas de dispersão de calor na redução da resistência térmica de lasers de semicondutores de alta potência para desenvolver o modelo analítico para calcular a resistência térmica do laser sob diferentes configurações de montagem pode potencialmente tornar-se uma ferramenta valiosa para a gestão térmica de lasers de semicondutores de alta potência[11], [P. Millar] Utilizou o TEC para arrefecer a montagem do laser compacto de estado sólido na fibra de 10 W de ganho médio e manter a temperatura de montagem a (17° C) [12], [Al. J. Kemp] estudou o fluxo de calor num laser de disco semicondutor de (2,3 pm) e utilizou o diamante como material para o dissipador de calor num dispositivo baseado em GaSb para melhorar o transporte térmico através da fronteira entre o chip semicondutor e o dissipador de calor e evitar uma expansão térmica significativa do semicondutor, a gestão térmica dos lasers de disco semicondutores baseados em ligas de GaSb pode ajudar a abrir a importante região espetral entre (2 e 2,5 pm) [13],

[A.J. Verma] Utilizou epóxi ótico e tecnologia de soldadura a laser para a infraestrutura do Pigtail e do pacote de díodos laser como soldas Au-Sn e Bi-Sn com 50 pm de espessura para fixar o TEC na parte inferior do pacote para manter a dissipação de energia, porque a maioria dos TECs não se sustenta para além de (150° C) quando se utiliza solda como Bi-Sn com baixo ponto de fusão à temperatura (128° C) para fixar o TEC e depois utilizar soldas Au-Sn e Bi-Sn para estabilizar a geração de calor do chip [14], [X. Liu] discutiu a melhoria da eficiência de arrefecimento do TEC e as caraterísticas térmicas de um pacote típico de laser de bomba para reduzir a resistência térmica, e utilizou o TEC para manter a temperatura da superfície inferior do substrato de montagem foi assumido como sendo fixo a (25° C), esta manutenção depende da dimensão e do material da sub-montagem, e a localização do portador do chip em relação ao TEC pode gerar uma distribuição de temperatura mais uniforme na placa fria do TEC e assim melhorar o coeficiente de desempenho do TEC [15], [T. Wey] propôs a conceção da modelação termoeléctrica da bomba laser de circuito fechado para controlar a sua temperatura quando funciona numa vasta gama de temperaturas ambiente. Esta conceção é utilizada para controlar o díodo laser da bomba quando funciona a uma temperatura ambiente superior e inferior à temperatura de estabilização de (25° C), Dependendo das condições ambientais, o controlador acciona o TEC para aquecer ou arrefecer o díodo laser a esta temperatura. A uma temperatura ambiente de (40° C), o TEC arrefece o díodo laser e, inversamente, a uma temperatura ambiente de (10° C), o TEC aquece o díodo laser [16], [A. Rantamaki] demonstrou uma melhoria do desempenho do laser bloqueado por modo para um espelho absorvente saturável semicondutor (SESAM) equipado com um dissipador de calor intracavitário. A gestão térmica do elemento de ganho e do SESAM foi mantida, e a temperatura do elemento de ganho e do SESAM foi mantida a (15° C), o que foi demonstrado e desempenha um papel crucial para conseguir um funcionamento com impulsos curtos de alta potência [17], [C. Zhu] Utilizou AlGaAsSb/InGaAsSb como uma junção epi-side down-mounting ou utilizando uma camada espessa de revestimento de ouro como substrato para melhorar a dissipação de calor como espalhador de calor na parte superior da camada de contacto para o substrato, em seguida, as caraterísticas térmicas dos lasers antimoneto podem ser melhoradas [18], [J. J. Lee] estudou o consumo de energia do TEC utilizando a simulação FEM térmica 3-D. O consumo de energia do TEC é previsto de (-20°C a 70°C) da temperatura ambiente à potência (0,12 W) do díodo laser (LD), deve considerar-se o baixo consumo de energia do TEC e utilizá-lo como controlador para definir e manter a temperatura do LD a (25° C), então o modo de funcionamento do TEC está a rodar a (Ta= 25°C) para dissipar o calor e trabalhar como modo de arrefecimento, abaixo desta temperatura o TEC pode trabalhar como modo de aquecimento [19], [R. R. Kamath] utilizou o TEC a uma temperatura de (Ta= 25°C) para dissipar o calor e trabalhar como modo de arrefecimento.R. Kamath] utilizou o TEC na parte inferior do dissipador de calor para obter condições isotérmicas na superfície, este material do dissipador de calor com uma condutividade inferior a (300 W/m° C) conduzirá a uma temperatura de junção significativamente mais elevada [20], **[V. Shah]** utilizou o TEC para manter a parte de trás do laser a uma temperatura constante quando ligado ao lado frio do TEC[21].

6.2. Arrefecimento por pulverização

O arrefecimento por pulverização, como técnica de remoção de elevados fluxos de calor, tem potencial para sistemas de alta potência. O arrefecimento por pulverização com mudança de fase tira partido de quantidades relativamente grandes de calor latente e é capaz de remover fluxos de calor elevados de superfícies com baixo sobreaquecimento. Nesta aplicação, a maior parte da transferência de calor resulta da transferência de calor por ebulição nucleada. [24], no processo de arrefecimento por pulverização, o líquido de arrefecimento é pulverizado sobre uma superfície de aquecimento para formar uma película líquida fina coesa ou rompida e, em seguida, é evaporado com a remoção de calor. Obviamente, o processo de arrefecimento por pulverização abrange um processo extremamente complicado de transferência de calor e massa, que depende do líquido de arrefecimento, da velocidade e do diâmetro das gotículas pulverizadas, da pressão na câmara de pulverização, do ângulo de pulverização e das caraterísticas da superfície [29].

O arrefecimento por pulverização pode ser utilizado para transferir grandes quantidades de energia do díodo laser a baixas temperaturas, utilizando o calor latente de evaporação do fluido de trabalho. Devido à sua eficiência e capacidade de remoção isotérmica de calor, o arrefecimento por pulverização é um dos principais candidatos ao arrefecimento de conjuntos de laser de díodo de alta potência em ambientes terrestres e considera o arrefecimento direto dos componentes, eliminando a resistência térmica de contacto entre o dissipador de calor e o chip que existe nos métodos convencionais, como os dissipadores de calor com alhetas.

Estes sistemas, que funcionam com chips de alta potência embalados próximos uns dos outros, representam um desafio térmico significativo para o engenheiro de projeto. Em muitas situações, o arrefecimento convectivo convencional não pode fornecer fluxos de calor elevados e temperaturas de superfície uniformes baixas. O arrefecimento por pulverização com fluidos dieléctricos pode ser uma escolha adequada para o projeto de arrefecimento devido aos elevados fluxos de calor que podem ser obtidos mantendo temperaturas de superfície uniformes relativamente baixas e à capacidade de arrefecer eficazmente áreas localizadas. Foi efectuada uma extensa investigação sobre a transferência de calor por arrefecimento por pulverização utilizando sprays de impacto normal. Esta investigação foi alargada a aplicações práticas por investigadores como Tilton et al. (1992) e Chang et al. (1993), que demonstraram com sucesso a adequação do arrefecimento por pulverização para módulos electrónicos simulados de múltiplos chips. O design limitador destes elementos dos sistemas electrónicos é a capacidade de remover eficazmente o calor e manter temperaturas de funcionamento baixas (inferiores a 85° C).

O arrefecimento por pulverização pode ainda ser uma alternativa viável de conceção de gestão térmica para estas geometrias, mas é necessária uma melhor compreensão do comportamento da transferência de calor para pulverizações de baixo ângulo de impacto (menos de 10 graus medidos a partir da superfície). O diâmetro da gota, a tensão superficial e a velocidade de rutura da gota desempenham papéis importantes na caraterização do impacto de um spray numa superfície. Embora técnicas como a anemometria laser-Doppler sejam capazes de medir diretamente a velocidade de rutura do diâmetro da gota, as equações empíricas fornecem precisão suficiente e foram usadas com sucesso em trabalhos anteriores (por exemplo, Longwell. 1956; Bonacina et a], 1979; Ghodbane, 1988; Holman e Kendall, 1993) para determinar estes parâmetros. Além disso, os bicos de atomização por pressão do tipo cone cheio produzem uma gama de diâmetros e velocidades de gotas para cada diferencial de pressão específico. Por conseguinte, as correlações empíricas fornecem valores médios dos parâmetros de pulverização com base em parâmetros experimentais mensuráveis.

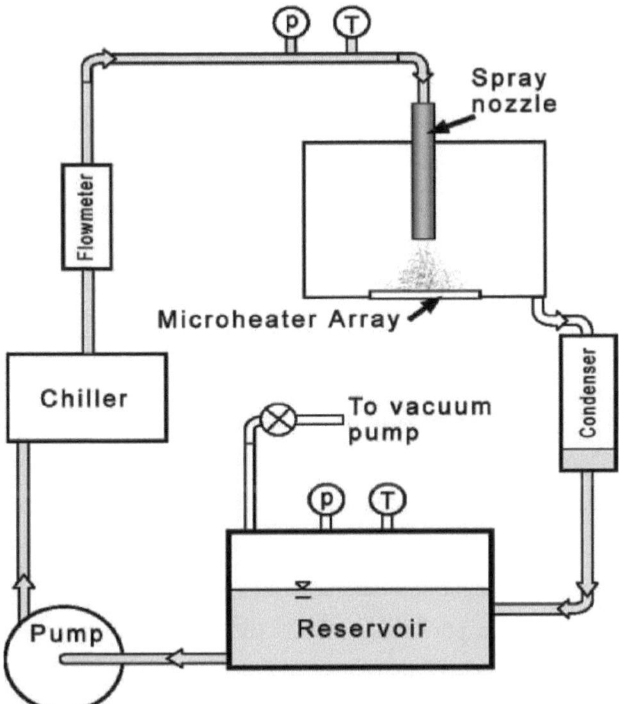

Fig. (8) Diagrama explicativo do dispositivo de arrefecimento por pulverização

[J.J.Huddle] concentrou-se em matrizes laser de díodo arrefecidas por pulverização sob o efeito do controlo uniforme da temperatura nos lasers de díodo utilizando o arrefecimento por pulverização através da evaporação num ponto de ebulição constante em toda a superfície de arrefecimento. No arrefecimento por pulverização, para um fluxo de superfície especificado, tanto a temperatura da parede como a do líquido de arrefecimento são espacialmente uniformes, verificou que a mudança de fase do líquido de arrefecimento ocorre a uma temperatura fixa e a pressão do sistema para bombear este líquido de arrefecimento é mantida constante, pelo que, quando utilizou o líquido de arrefecimento por pulverização como água ou amoníaco, a única diferença entre os dois líquidos de arrefecimento por pulverização é a temperatura de funcionamento do díodo (60°C e 25°C) para a água e o amoníaco, respetivamente [23],

[L. Lin] Investigou um arrefecimento por pulverização em circuito fechado e confinado com arrefecimento por pulverização de bicos múltiplos na câmara de pulverização, utilizando fluidos de fluorocarbono (Fc-72, Fc-87), metanol e água como líquido de arrefecimento e revelou que o arrefecimento por pulverização em circuito fechado pode atingir níveis de fluxo de calor crítico (CHF) até (90 W/cm^2) com fluorocarbono e o sub-arrefecimento é inferior a (3.5° C), (490 W/cm^2) com metanol e o sub-arrefecimento é (entre 2.7e13.7° C) e para a água é superior a (500 W/cm^2)porque o sub-arrefecimento para a água (entre 3.0 e 14.1° C) é superior aos casos dos fluidos de fluorocarbono e metanol [24], [S. Freund] descreveu a medição dos coeficientes locais de transferência de calor quando utilizou a caraterização de dois projectos de arrefecimento por pulverização de conjuntos de bicos e foram encontrados valores locais para o coeficiente de transferência de calor com uma resolução de (0.4mm) através da aplicação do método de termografia por infravermelhos (IR) de oscilação de temperatura, mostrou que o coeficiente de transferência de calor aumenta linearmente com o caudal e a comparação entre dois conjuntos de bicos mostra que o conjunto de quatro bicos tem cerca do dobro do desempenho do bico único, mas com um caudal quatro vezes superior, e pode explicar a conceção de dois bicos pela figura (9) [25], [H. Strempel] utilizou o efeito do laser na epiderme e mostrou que o tempo de atraso entre a aplicação do spray de arrefecimento e a emissão do impulso do laser (latência) varia este efeito, os resultados explicam o tempo de arrefecimento como

curto, conforme necessário, a fim de evitar efeitos secundários indesejáveis [26], [Z.B. Yan]

estudaram um sistema de arrefecimento por pulverização de impacto em circuito fechado com R-134a como fluido de arrefecimento e os resultados mostram que a placa de cobre pode ser alimentada até (1 kW) sem exceder uma temperatura média da superfície de (25º C) e uma variação de temperatura de (2º C) em condições de funcionamento adequadas do sistema e concluíram que o desempenho do arrefecimento melhorou com o aumento do caudal mássico, da pressão de entrada do bocal e da pressão da câmara de pulverização [27],

[S. Somasundaram] estudou o processo de arrefecimento por pulverização intermitente num chip de teste térmico utilizando água a pressões de (2, 4 e 6) bar para diferentes fluxos de calor e observou que, durante o arrefecimento por pulverização intermitente, o sistema atinge um estado estacionário dependente do tempo ou um estado periódico e a frequência é mais baixa para o fluxo de calor mais elevado e para temperaturas de ponto de regulação próximas do estado estacionário para diferentes níveis de entrada de calor e diferentes pontos de regulação da temperatura [28], [B.H. Yang] investigou o método de arrefecimento por pulverização utilizando amoníaco como fluido de trabalho em superfícies de micro-cavidades para melhorar o desempenho do arrefecimento por pulverização em comparação com o arrefecimento por pulverização em superfícies planas, os resultados mostraram que as superfícies das microcavidades apresentavam uma distribuição uniforme da temperatura e um coeficiente de transferência de calor mais elevado do que o da superfície plana a temperaturas elevadas, o que se deve ao efeito capilar da estrutura das microcavidades e à descoberta de um novo fenómeno designado por número de ligação (Bo), que depende do raio da microcavidade, quando este número é menor, mais forte é o efeito capilar e mais elevado é o coeficiente de transferência de calor,o fluxo de calor dissipado foi de ($451 W/cm^2$) enquanto o refrigerante manteve a temperatura da superfície abaixo de (0° C) e quando a distribuição uniforme da temperatura com desvio abaixo de ($\pm1.5°$ C) no fluxo de calor de (420 W/cm^2) foi simultaneamente alcançada, para explicar a distribuição uniforme da temperatura foi mostrada quando o fluxo de calor foi inferior a (300 W/cm^2), enquanto um pequeno desvio foi apresentado no fluxo de calor elevado devido à instabilidade da ebulição nucleada[29].

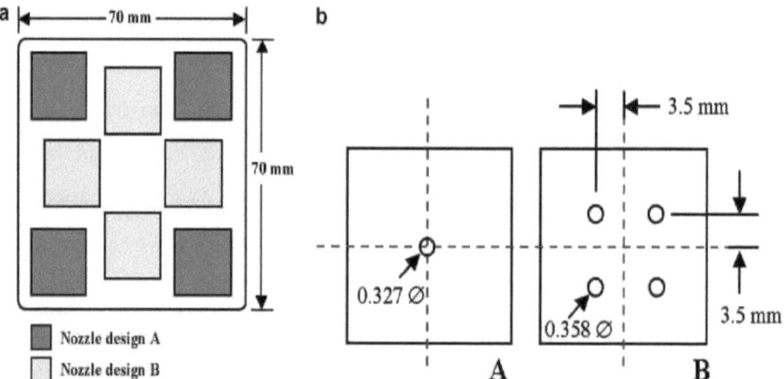

Fig. (9) Localizações relativas dos conjuntos de bicos e geometria dos bicos

6.3 Micro-canal:

Os microcanais são um dos campos mais activos da investigação sobre transferência de calor em dispositivos electrónicos e microelectrónicos. A utilização de dissipadores de calor de microcanais na gestão térmica de dispositivos electrónicos e ópticos tem sido estudada há cerca de três décadas. Os dissipadores de calor de microcanais são fortes candidatos à remoção efectiva da dissipação de calor de dispositivos, tais como circuitos integrados e lasers semicondutores. Os dissipadores de calor de microcanais são geralmente utilizados com refrigerantes líquidos que proporcionam coeficientes de transferência de calor mais elevados do que os refrigerantes gasosos. O calor é removido da superfície através de um fluxo de líquido monofásico ou de mudanças de fase do líquido de arrefecimento com ebulição do fluxo (fluxo bifásico) [38].

Dissipador de calor de microcanais com uma elevada eficiência de transferência de calor local, que compreende microcanais longitudinais paralelos gravados num substrato de silício e microcanais transversais galvanizados num dissipador de calor de cobre e este dissipador de calor de microcanais ligado diretamente aos componentes electrónicos de elevada densidade de potência, o que melhorará os sistemas de gestão térmica do díodo laser.

Os lasers de díodos de alta potência e as barras de laser requerem sistemas térmicos muito eficientes que permitam eliminar os fluxos de calor resultantes do funcionamento de alta potência. O conjunto de microcanais com díodos laser permite o empilhamento de vários díodos laser de alta potência numa matriz e o subconjunto é então arrefecido utilizando canais de arrefecimento de água, Os fluxos em microcanais são acionados por bombas com velocidades médias de fluxo na gama de alguns milímetros por segundo a muitos centímetros por segundo, e o fluxo em microcanais será principalmente laminar. Maior densidade de superfície, coeficientes de transferência de calor mais elevados, baixa resistência térmica e a taxa de transferência de calor volumétrica depende inversamente do quadrado do diâmetro do canal, a figura (10) explica a forma do microcanal [31-32].

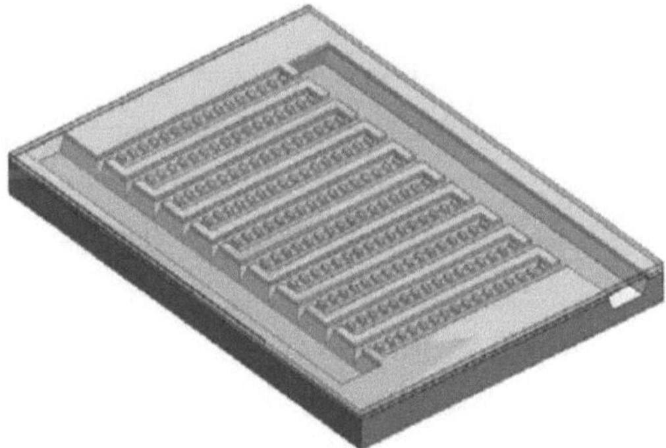

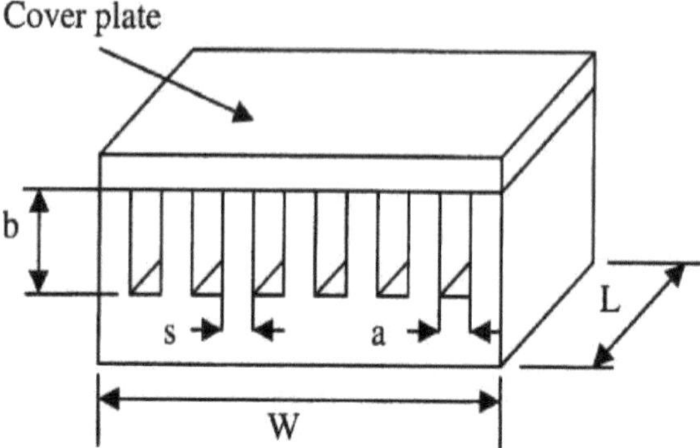

Fig (10) Esquema da geometria do microcanal

[R. Beach] investigou um dissipador de calor modular para um conjunto de díodos laser utilizando a tecnologia de arrefecimento por microcanais e explicou que os dispositivos de fluxo laminar, tais como os arrefecedores de microcanais, são completamente mais eficientes do que os dispositivos de fluxo turbulento em termos da potência hidráulica necessária para fazer circular o fluido de arrefecimento que tem de ser gasto para alcançar as impedâncias térmicas muito baixas necessárias para a aplicação de arrefecimento de díodos[30], [K. Unger] investigou um microcanal para arrefecer uma barra de díodos laser de alta potência utilizando água como fluido de trabalho no microcanal e um permutador de calor baseado em Peltier (TEC) para manter a temperatura do fluido de trabalho em (25° C), este arrefecimento para controlar a temperatura das camadas activas do díodo laser deve ser mantido abaixo de (55° C) [33], [S.A.Payne] Utilizou gás hélio bombeado em microcanais como fluido de trabalho que flui a uma velocidade (0,1 Mach) para arrefecer um díodo laser de alta potência, tirando partido da sua constante muito baixa e demonstrando que esta é a melhor forma de arrefecer o cristal em vez do dissipador de calor normal arrefecido a cobre [34], [J.Y. Jia] desenvolveu um sistema de permuta de calor de microcanais (MCHEX) para a gestão térmica de pacotes electrónicos de alta densidade, a gestão térmica baseada no melhor coeficiente de desempenho do TEM, é utilizada para o sistema, trabalhando num ambiente atroz de alta e baixa temperatura, o sistema de permuta de calor consiste num sistema de circuito fechado composto por dois permutadores de calor de microcanais, um ligado ao chip para o arrefecer e outro ligado ao TEC para arrefecer o fluido de trabalho e reduzir a temperatura da água e o TEC também utilizado para aquecer o chip quando a temperatura da superfície do chip é mais baixa, uma microbomba de fluxo de água para os tubos para o MCHEX-A e depois para o módulo termoelétrico (TEM) que arrefece o fluxo por um MCHEX-B como se vê na fig. 11. A água destilada no estado líquido é utilizada como meio de transferência de calor no sistema para arrefecer o chip, e a temperatura da superfície do chip situa-se entre (18.5° C ,48.1° C) no MCHEX-A, quando a potência do chip é de (40W) e a temperatura ambiente varia entre (-40° C e 50° C) [35], [H. Cao] concebeu um dissipador de calor de microcanais com uma configuração geométrica especial e analisou o dissipador de calor de microcanais para um espelho laser de alta potência com arrefecimento a água, a fim de melhorar o desempenho do dissipador de calor de microcanais e mostrar o efeito da largura do canal, da profundidade do canal, da largura da aleta, da espessura do espelho e da região de arrefecimento, tendo constatado que o coeficiente de transferência de calor diminuía com o aumento da largura do canal, o que provocava uma diminuição do número de canais e conduzia à diminuição do permutador de calor. Relativamente à estrutura geométrica do microcanal, com o mesmo diâmetro da região de arrefecimento, a área de transferência de calor aumenta em resposta ao aumento da profundidade do canal. No entanto, diminuiria se a largura do canal e a largura da aleta aumentassem. Por conseguinte, um rácio de aspeto elevado (rácio profundidade/largura) é favorável para melhorar o desempenho da transferência de calor do dissipador de calor de microcanais. Entretanto, a deformação térmica pode ser ainda mais reduzida [36], [J. Wang] apresentou a tecnologia de arrefecimento de dupla face da embalagem de um conjunto de lasers semicondutores de poços quânticos duplos (DQW) de alta densidade de potência e analisou o comportamento térmico transitório de um conjunto de lasers semicondutores embalados e arrefecidos a água a funcionar em modo de onda quase contínua (QCW) e melhorou a capacidade de dissipação de calor do conjunto de lasers DQW foi ligado para ser "ensanduichado" entre dois refrigeradores comerciais de microcanais (MCC) com base em embalagens arrefecidas a água, [A. Koyuncuoglu] Propôs um dissipador de calor de microcanais com diâmetros hidráulicos de cerca de (35-80 pm), que são muito mais pequenos do que os dissipadores de calor de silício, cobre ou alumínio, capazes de arrefecer dispositivos electrónicos de elevado fluxo de calor, como CPUs, e depois mostrou que os valores de fluxo de calor até (50 W/cm^2) foram removidos com êxito de toda a superfície do chip [38], [R. Hulsewede] Desenvolveu um sistema de material de barras laser de díodo AlGaAs/GaAs 808nm de alta fiabilidade e alta potência, com especial ênfase no funcionamento de alta potência e na estabilidade a longo prazo. Estas barras foram montadas numa embalagem arrefecida por microcanais, quando estas barras funcionam a um nível de alta potência de (100W), a temperatura do dissipador de calor do microcanal é fixada em (25° C), o resultado impressionante demonstra um tempo de funcionamento superior a (5000 horas)[39].

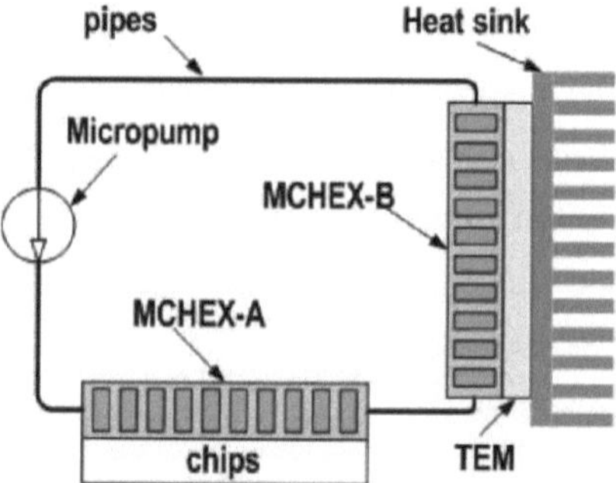

Fig. (11) Esquema do sistema de permuta de calor
6.4 Micro tubos de calor:

Um microtubo de calor é um dispositivo simples que pode transferir rapidamente calor de um ponto para outro, muitas vezes referido como os supercondutores de calor, uma vez que possuem uma extraordinária capacidade de transferência de calor. Através da mudança de fase do seu fluido de trabalho, os microtubos de calor são um dispositivo de transferência de calor muito eficaz em comparação com os difusores de calor convencionais. Os microtubos de calor também podem ser utilizados para aumentar a condutividade térmica e espalhar uma fonte de calor concentrada numa área de superfície muito maior [41, 47].

Este estudo utiliza um nanofluido num tubo de calor plano é um bom acordo com o desenvolvimento de estudos sobre o efeito de várias concentrações no tubo de calor plano (FHP), que utilizou uma malha de cobre sinterizado como o desempenho térmico por equipamento de teste de arrefecimento a ar. Este facto constitui uma vantagem em aplicações como os dispositivos de transferência de calor. A razão aparente para a melhoria do desempenho térmico do FHP utilizando o nanofluido pode ser explicada da seguinte forma:

- Utilizando as teorias existentes sobre tubos de calor e nanofluidos, em particular as relacionadas com o aumento do fluxo de calor crítico devido a uma maior molhabilidade.
- Redução do limite de ebulição devido ao aumento da condutância efectiva do líquido e da condutividade térmica efectiva da estrutura da mecha nos tubos de calor.

A tecnologia de tubos de calor pode ser capaz de proporcionar um arrefecimento suficiente neste tipo de situações. Os tubos de calor têm sido tradicionalmente utilizados em ambientes isentos de forças corporais adversas, como vibrações e forças de aceleração elevadas. Recentemente, foi proposta a utilização de tubos de calor a bordo de aviões de combate para atuar como dissipadores de calor para pacotes electrónicos. Durante o combate, podem estar presentes na aeronave campos de aceleração transitórios até (10 g). Os campos de força de aceleração podem ser transitórios e associados a cargas de calor transitórias. Por conseguinte, a caraterização do desempenho em estado estacionário e transitório dos tubos de calor sob campos de aceleração elevados é importante para os projectistas dos pacotes electrónicos que necessitam de arrefecimento e exigirá abordagens experimentais. Para que um tubo de calor funcione corretamente, a diferença de pressão capilar líquida entre o evaporador (fonte de calor) e o condensador (dissipador de calor) deve ser superior à soma de todas as perdas de pressão que ocorrem ao longo dos percursos de fluxo de líquido e vapor.

Os microtubos de calor são constituídos por tubos de aço que foram evacuados e depois enchidos com um líquido de arrefecimento, que tem um valor elevado de tensão superficial, o que é desejável para permitir que o tubo de calor funcione contra a gravidade e para gerar uma força motriz capilar elevada.

Um tubo de calor é um dispositivo que pode transferir rapidamente calor de uma extremidade para a outra. Utiliza o calor latente, bem como o calor sensível do fluido de trabalho vaporizado; a condutividade térmica efectiva pode ser várias ordens de grandeza superior à dos bons condutores sólidos. Um tubo de calor é constituído por um recipiente selado, uma estrutura de pavio, uma pequena quantidade de fluido de trabalho que é apenas suficiente para saturar o pavio e está em equilíbrio com o seu próprio vapor, o principal objetivo do pavio é gerar a pressão capilar, o comprimento do tubo de calor pode ser dividido em três partes, secção do evaporador, secção adiabática e secção do condensador, o princípio de funcionamento de um tubo de calor. O elevado fluxo de calor da entrada do díodo laser na região do evaporador vaporiza o fluido de trabalho e este vapor viaja para a secção do condensador através do núcleo interno do tubo de calor na região do condensador, o vapor do fluido de trabalho condensa e o calor latente é rejeitado através da condensação. O condensado regressa ao evaporador através da ação capilar no pavio, quando é fornecida energia térmica ao evaporador, este equilíbrio quebra-se à medida que o fluido de trabalho se evapora,

A figura (12) explica a forma do tubo de calor [41].

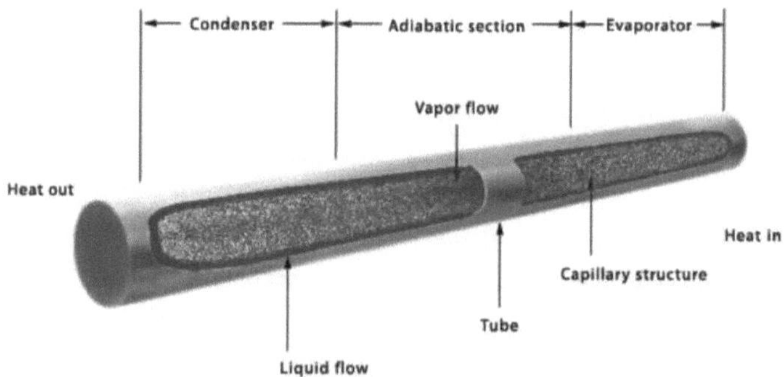

Fig.(12) Tubo de calor

Foi concebido e fabricado um novo micro tubo de calor plano utilizando uma mecha de fibra de vidro. As fibras de vidro foram empurradas para dentro do microtubo de calor plano e o espaço entre três fibras de vidro forma o canal para o líquido fluir do segmento de condensação para o segmento de evaporação. A secção transversal deste canal é formada por três círculos tangentes. Os círculos tangentes formam um ângulo muito acentuado na área da secção transversal do canal que produz força capilar de forma eficiente. O espaço no interior do micro tubo de calor contém duas partes. Uma parte é preenchida com fibras de vidro para formar canais de líquido, a outra parte está vazia para o fluxo de vapor. Na interface das duas partes é utilizada uma ovelha de cobre para fixar a fibra de vidro. Foi proposto um novo tipo de componente de transferência de calor designado por tubo de calor oco composto. A sua estrutura e princípio de funcionamento foram introduzidos. O seu mecanismo interno de transferência de calor é analisado e são estudadas as suas caraterísticas de arranque, o desempenho da temperatura isotérmica e as propriedades de transferência de calor.

Os resultados mostram que o tubo de calor oco composto pode arrancar e trabalhar rapidamente enquanto a temperatura da parede exterior do tubo é de (30° C) num período de aquecimento de (2 min). E nas condições de arrefecimento por convecção de ar natural, tem boas caraterísticas de temperatura.

[A.K.Mallik] Fabricou conjuntos de microtubos de calor depositados a vapor (VDMHP) numa parte integrante de dispositivos semicondutores para atuar como dissipadores de calor eficientes, reduzindo o caminho térmico entre as fontes de calor e o dissipador de calor. Este fabrico de VDMHP foi realizado começando por estabelecer uma série de ranhuras numa bolacha de silício e utilizando metanol como fluido de trabalho [42], [M.J.Marongiu] Investigou microtubos de calor que foram incorporados em diferentes configurações em projectos de dissipadores de calor de microcanais. A adição de microtubos de calor a um sistema de dissipador de calor de microcanais permite aumentar as capacidades de dissipação de calor sem aumentar o caudal (potência de bombagem). Os resultados indicam que se obtêm taxas de transferência de calor mais elevadas com esta incorporação, sendo mais proeminentes com um núcleo de tubo de calor mais espesso e evidenciando que as temperaturas da superfície diminuem à medida que o material do núcleo é mais condutor de calor. Verificou-se que o aumento típico da transferência de calor para o dissipador de calor é da ordem de (10-20%) em relação aos microcanais simples [43], [R.Ponnappan] descreveu um novo desenho de palheta de tela adequado para tubos de calor em miniatura, este desenho promete um melhor desempenho e é fácil de fabricar e é recomendado em vez do tubo de calor em miniatura retangular, este novo desenho considerou a gestão térmica de uma variedade de dispositivos electrónicos e o seu desempenho corresponde ao desenho de ranhura comparável. O fluxo de calor do evaporador do tubo de calor em miniatura pode dissipar o fluxo de calor até (115 W/cm^2) à temperatura de funcionamento de (90° C) e evaporador para diferença de temperatura adiabática de (37° C) [44], [W.Y.Liu] Apresentou uma tecnologia à base de polímeros adequada para a implementação de microtubos de calor para processos à base de InP/lnGaAs a baixa temperatura, que permite que um tubo de calor seja miniatura com materiais principalmente orgânicos a uma temperatura inferior a (110° C) e observou que o transporte de calor no tubo de calor era significativamente mais rápido do que num pedaço de cobre de geometria equivalente [45], [H.T.Chien] Apresentou uma nova base de acondicionamento para a embalagem TO can do díodo laser, o Diskshaped Miniature Heat Pipe (DMHP), em substituição da base de cobre convencional por uma base de alumínio com múltiplas micro-ranhuras que irradiam a partir do centro, foi prototipada para verificar o desempenho térmico do DMHP e o potencial de utilização do DMHP como dissipador de calor dos díodos laser, Assim, a base de montagem integrada com o DMHP tolera a elevada potência de saída do díodo laser, e também diminui a temperatura de funcionamento do díodo laser [46], [W.Chao] Investigar o fluxo de líquido e de vapor em ranhuras triangulares Os microtubos de calor também podem ser utilizados para aumentar a condutividade térmica, de modo a espalhar uma fonte de calor concentrada numa área de superfície muito maior, e centram-se na simulação numérica de um microtubo de calor plano de silício com ranhuras triangulares axiais micromachinadas e mostram a tensão de cisalhamento interfacial causada pela direção de velocidade oposta entre o líquido e o vapor, Os resultados obtidos a partir desta simulação contêm a variação axial da diferença de pressão entre o vapor e o líquido, a velocidade do líquido e do vapor, a variação axial do raio do menisco e o impacto da potência de entrada, do ângulo de contacto e do ângulo de inclinação no desempenho do tubo de calor microplano [47], [Y.S.Ju] Desenvolvimento de um conceito inovador de câmara de vapor que incorpora mechas híbridas de duas estruturas integradas: uma camada de espalhamento de baixa resistência térmica e uma estrutura dedicada de fornecimento de líquido, a camada de espalhamento é composta por uma monocamada de partículas de Cu sinterizado para minimizar a resistência térmica no evaporador; foram estudadas três estruturas diferentes de fornecimento de líquido: artérias colunares verticais, artérias laterais convergentes e estruturas bi-porosas. As três concepções demonstraram ser capazes de lidar com fluxos de calor >350 W/cm^2 em áreas de aquecimento de (1 cm^2), As mechas híbridas que incorporam as três diferentes estruturas de fornecimento de líquido apresentam um desempenho virtualmente idêntico, confirmando que a transferência de calor é dominada pela evaporação das camadas de espalhamento de líquido utilizadas para desenvolver soluções de arrefecimento de elevado desempenho para componentes electrónicos de alta potência e alta densidade de potência para a gestão térmica de componentes electrónicos de alta potência [48].

7. Análise e comparação

- A natureza de estado sólido do TEC, a resposta rápida, o formato pequeno, os requisitos de manutenção reduzidos, a ausência de ruído e vibrações e a capacidade de fornecer um controlo preciso da temperatura.

- Os módulos TEC são bombas de calor de estado sólido que utilizam o efeito Peltier. Durante o funcionamento, a corrente contínua flui através do módulo termoelétrico, fazendo com que o calor seja transferido de um lado para o outro do dispositivo termoelétrico, criando um lado frio e um lado quente.

- O TEC é um componente essencial do sistema de gestão térmica dos sistemas de fabrico baseados em laser e um importante fator de limitação do desempenho.

- Os módulos TEC são a escolha preferida para serem utilizados como atuador de um tal sistema de gestão térmica devido à sua aplicação (arrefecimento/aquecimento) para dissipar a elevada temperatura do díodo laser.

- O TEC é utilizado como dissipador de calor para manter a temperatura da submontagem do díodo laser a (25° C).

- O TEC pode funcionar em diferentes condições ambientais, o que leva o

TEC a aquecer ou a arrefecer o díodo laser a esta temperatura, com uma temperatura ambiente de (40° C), o TEC arrefece o díodo laser e, inversamente, a uma temperatura ambiente de (10° C), o TEC aquece o díodo laser.

- Para manter a temperatura do díodo laser depende da dimensão e do material do subconjunto, e a localização do suporte do chip em relação ao TEC pode gerar uma distribuição mais uniforme da temperatura na placa fria do TEC, melhorando assim o coeficiente de desempenho do TEC e a eficiência do dissipador de calor no lado quente e frio depende do valor COP.

- O TEC tem um baixo consumo de energia com a potência do díodo laser (0,12W) quando trabalha à temperatura ambiente entre (-20°C e 70°C), depois o TEC quando gira a (Ta=25° C) para dissipar o calor como um modo de arrefecimento, depois sob estas temperaturas pode trabalhar como um modo de aquecimento.

- O desempenho do dissipador de calor TEC no lado quente é mais importante do que o dissipador de calor no lado frio, porque a densidade do fluxo de calor no lado quente é mais elevada.

- Os ensaios de vida útil demonstraram a capacidade dos dispositivos termoeléctricos para excederem 100.000 horas de funcionamento em estado estacionário.

- Os dispositivos termoeléctricos não contêm clorofluorocarbonetos ou outros materiais que possam necessitar de reabastecimento periódico.

- A direção do bombeamento de calor num sistema termoelétrico é totalmente reversível. Mudar a polaridade da fonte de alimentação DC faz com que o calor seja bombeado na direção oposta - um refrigerador pode então tornar-se um aquecedor.

- É possível manter um controlo preciso da temperatura com uma precisão de (±0,1° C) utilizando dispositivos termoeléctricos e os circuitos de apoio adequados.i

- Os dispositivos termoeléctricos podem funcionar em ambientes demasiado severos, demasiado sensíveis ou demasiado pequenos para a refrigeração convencional.

- Os dispositivos termoeléctricos não dependem da posição.

- Os refrigeradores termoeléctricos são mais adequados para aplicações especiais (menos de 25W) porque o seu baixo COP não é uma desvantagem aparente.

Devido a todas as vantagens acima referidas, os dispositivos termoeléctricos encontraram, na última década, aplicações muito vastas em áreas muito diversas, como a militar, a aeroespacial, a dos instrumentos e a dos produtos industriais ou comerciais. De acordo com os modos de funcionamento, estas aplicações podem ser classificadas em três categorias: refrigeradores (ou aquecedores), geradores de energia ou sensores de energia térmica. A desvantagem do TEC não se sustenta para além de (150° C) quando se utiliza uma solda como o Bi-Sn, que tem um ponto de fusão baixo à temperatura (128° C) para fixar o TEC. Um sistema de arrefecimento termoelétrico tem um circuito elétrico que inclui uma fonte de energia de corrente contínua que fornece corrente contínua através do circuito elétrico, um dispositivo termoelétrico com pelo menos um dissipador de calor e pelo menos uma fonte de calor capaz de ser arrefecida a uma gama de temperaturas predeterminada e um conjunto de controlo. A utilização de um dispositivo termoelétrico num sistema de arrefecimento tem seguido convencionalmente a disposição básica.

Outra aplicação consiste em reduzir o ruído térmico dos componentes eléctricos e a corrente de fuga dos dispositivos electrónicos, o que pode melhorar a precisão dos instrumentos electrónicos. Um dos exemplos é um detetor de CdZnTe arrefecido para astronomia de raios X. O arrefecimento entre (-30° C) e (-40° C) reduz a corrente de fuga do detetor e permite a utilização de um pré-amplificador de reinicialização por impulsos e tempos de formação de impulsos longos, melhorando significativamente a resolução energética. Embora o calor seja conduzido da temperatura muito baixa (-40° C) para a água refrigerada a (10° C), só é necessário utilizar (3W) de energia eléctrica para esta aplicação de pequena capacidade.

O arrefecimento por pulverização com mudança de fase tira partido da dissipação de grandes quantidades de calor latente e é capaz de remover elevados fluxos de calor de superfícies com baixo superaquecimento.

- O processo de arrefecimento por pulverização abrange um processo extremamente complexo de transferência de calor e massa, que depende do líquido de arrefecimento, da velocidade e do diâmetro das gotículas pulverizadas, da pressão na câmara de pulverização, do ângulo de pulverização e das caraterísticas da superfície.
- O arrefecimento por pulverização pode ser utilizado para transferir grandes quantidades de energia do díodo laser a baixas temperaturas, utilizando o calor latente de evaporação do fluido de trabalho, devido à sua eficiência e capacidade de remoção isotérmica de calor.
- O arrefecimento por pulverização utilizou gases de fluorocarbono, água e amoníaco para arrefecer as superfícies de aquecimento, pelo que podemos constatar, a partir desta investigação, que a água é o melhor refrigerante porque tem uma temperatura de sub-arrefecimento elevada.
- O arrefecimento por pulverização depende de muitos parâmetros, como a pressão, o caudal mássico e o tipo de bicos para arrefecer a superfície aquecida.

A desvantagem do arrefecimento por pulverização tem um pequeno desvio quando o fluxo de calor atinge (300 W/cm^2) devido à instabilidade da ebulição nucleada.

- Dissipadores de calor de microcanais na gestão térmica de dispositivos electrónicos e ópticos para a remoção eficaz da dissipação de calor de dispositivos, tais como circuitos integrados e lasers semicondutores.
- Os dissipadores de calor de microcanais são geralmente utilizados com refrigerantes líquidos que proporcionam coeficientes de transferência de calor mais elevados do que os refrigerantes gasosos e o calor é removido da superfície quer por fluxo de líquido monofásico quer por mudança de fase do refrigerante com ebulição do fluxo (fluxo bifásico).
- Os dissipadores de calor de microcanais são ligados diretamente aos

componentes electrónicos de elevada densidade de potência, o que permitirá melhorar os sistemas de gestão térmica do díodo laser. O fluxo nos microcanais será principalmente laminar. Maior densidade de superfície, coeficientes de transferência de calor mais elevados, baixa resistência térmica e a taxa de transferência de calor volumétrica depende inversamente do quadrado do diâmetro do canal.

A transferência de calor por ebulição em micro-canais é frequentemente considerada como o resultado de dois mecanismos diferentes, a ebulição nucleada e a ebulição convectiva.

- Os fluxos dos microcanais são acionados por bombas com velocidades médias de fluxo na ordem de alguns milímetros por segundo a muitos centímetros por segundo.

A desvantagem do micro-canal deve ser utilizada com o TEC como permutador de calor para manter a temperatura do fluido de trabalho a (25° C), este arrefecimento para controlar a temperatura das camadas activas do díodo laser deve ser mantido abaixo de (55° C) e a desvantagem quando a largura do micro-canal aumenta causa a diminuição do número de canais e isto leva à diminuição do permutador de calor, logo isto causa a diminuição do coeficiente de transferência de calor. Por conseguinte, uma relação de aspeto elevada (relação profundidade/largura) é favorável para melhorar o desempenho da transferência de calor do dissipador de calor de microcanais.

Entretanto, a deformação térmica pode ser ainda mais reduzida.

- O arrefecimento por microtubos de calor, as vantagens e desvantagens ou os problemas existentes Os microtubos de calor são dispositivos simples que podem transferir rapidamente calor de um ponto para outro, sendo frequentemente designados por supercondutores de calor, uma vez que possuem uma extraordinária capacidade de transferência de calor.

- Os microtubos de calor são constituídos por tubos de aço que foram evacuados e depois enchidos com um líquido de arrefecimento, que tem um valor elevado de tensão superficial, o que é desejável para permitir que o tubo de calor funcione contra a gravidade e para gerar uma força motriz capilar elevada.

- O microtubo de calor utiliza o calor latente, bem como o calor sensível do fluido de trabalho vaporizado; a condutividade térmica efectiva pode ser várias ordens de grandeza superior à dos bons condutores sólidos.
- Os microtubos de calor dependem da pressão capilar para mover o fluido de trabalho a partir da entrada de um elevado fluxo de calor na região do evaporador, vaporiza o fluido de trabalho e este vapor viaja para a secção do condensador através do núcleo interior do tubo de calor na região do condensador, o vapor do fluido de trabalho condensa e o calor latente é rejeitado através da condensação.

8. Conclusão

Este artigo analisa o desenvolvimento do arrefecimento de díodos laser na última década, no que diz respeito aos avanços nos métodos de arrefecimento, tais como arrefecimento termoelétrico, arrefecimento por pulverização, arrefecimento por microcanais, arrefecimento por microtubos de calor para dissipar o elevado fluxo de calor do díodo laser e, em seguida, apresentamos as análises de todos os investigadores que trabalham no terreno para desenvolver a aplicação do díodo laser e encontrar uma solução para resolver o problema do díodo laser quando funciona a alta temperatura, o que conduzirá a danos ópticos catastróficos, A gestão térmica e as tensões térmicas são problemas críticos de acondicionamento do díodo laser de alta potência. A necessidade de métodos de arrefecimento de conjuntos e pilhas de semicondutores laser está diretamente relacionada com o tempo de vida dos lasers e com o método de arrefecimento do díodo laser.

O TEC é um componente essencial do sistema de gestão térmica dos sistemas de fabrico baseados em laser e uma importante restrição de desempenho, sendo a escolha preferida para ser utilizado como atuador desse sistema de gestão térmica devido à sua aplicação (arrefecimento/aquecimento) para dissipar a elevada temperatura do díodo laser.

Refrigerador termoelétrico utilizado para controlar a temperatura do suporte do díodo laser quando funciona a uma temperatura ambiente superior e inferior à temperatura de estabilização pretendida (25° C), o que faz com que o TEC aqueça ou arrefeça o díodo laser a esta temperatura. A uma temperatura ambiente de (40° C), o TEC arrefece o díodo laser e, inversamente, a uma temperatura ambiente de (10° C), o TEC aquece o díodo laser.

Para manter a temperatura do díodo laser depende da dimensão e do material da sub-montagem, e a localização do suporte do chip em relação ao TEC pode gerar uma distribuição mais uniforme da temperatura na placa fria do TEC, melhorando assim o coeficiente de desempenho do TEC e a eficiência do dissipador de calor nos lados quente e frio depende do valor do COP.

O arrefecimento por pulverização com mudança de fase, a fim de dissipar grandes quantidades de calor latente e é capaz de remover elevados fluxos de calor de superfícies com baixo sobreaquecimento, no arrefecimento por pulverização mostrou como utilizar gases de fluorocarbono, água e amoníaco para arrefecer as superfícies de aquecimento, pelo que podemos ver a partir desta investigação que a água é o melhor refrigerante porque tem uma elevada temperatura de sub-arrefecimento.

Os dissipadores de calor de microcanais são geralmente utilizados com refrigerantes líquidos que proporcionam coeficientes de transferência de calor mais elevados em comparação com os refrigerantes gasosos. O calor é removido da superfície através de um fluxo de líquido monofásico ou de uma mudança de fase do refrigerante com ebulição do fluxo (fluxo bifásico), e o fluxo nos microcanais será principalmente laminar Maior densidade de superfície, coeficientes de transferência de calor mais elevados, baixa resistência térmica e a taxa de transferência de calor volumétrica depende inversamente do quadrado do diâmetro do canal, depois o fluxo é acionado por bombas com velocidades de fluxo médias na gama de alguns milímetros por segundo a muitos centímetros por segundo.

Os microtubos de calor são constituídos por tubos de aço que foram evacuados e depois enchidos com um líquido de arrefecimento, que tem um valor elevado de tensão superficial, o que é desejável para permitir que o tubo de calor funcione contra a gravidade e para gerar uma força motriz capilar elevada, O microtubo de calor depende da pressão capilar para mover o fluido de trabalho a partir da entrada de um elevado fluxo de calor na região do evaporador, vaporiza o fluido de trabalho e este vapor viaja para a secção do condensador através do núcleo interno do tubo de calor na região do condensador, o vapor do fluido de trabalho condensa e o calor latente é rejeitado através da condensação.

Referências:

1. Tu L.W., Schubert E.F., Hong M. & Zydzik G.J. (1996). In-Vacuum Cleaving and Coating of Semiconductor Laser Facets Using Thin Silicon and a Dielectric. *Journal of Applied Physics,* Vol. 80, No.11, (dezembro de 1996), pp. 6448-6451, ISSN 0021-8979.

2. S. B. Riffat, Xiaoli Ma, Improving the coefficient of performance of thermoelectric cooling systems: a review, Int. J. Energy Res. 28(2004):753-768.

3. M. Gasik, Y. Bilotsky, Otimização de materiais com gradação funcional refrigerador termoelétrico para o sistema de energia solar espacial, *Applied* ThermalEngineering (2014), doi: 10.1016/j.applthermaleng.2014.02.058, ATE 5432.

4. Vid Novak, Bostjan Podobnik, Análise do sistema de gestão térmica de uma bomba laser Applied Thermal Engineering 57 (2013) 99106.

5. M. N. Sysak, D. Liang, R. G. Beausoleil, R. Jones, J. E Bowers Gestão térmica em lasers híbridos de silício 978-1-55752-962-6/13/ 2013 Optical Society of America.

6. Sharon L. Vetter, Stephane Calvez, Gestão Térmica de Lasers de Disco Semicondutores de Infravermelhos Próximos com Espelhos AlGaAs e Regiões Activas (Mis) Correspondentes à Malha, IEEE JOURNAL OF QUANTUM ELECTRONICS, VOL. 48, NO.3, MARÇO DE 2012.

7. Satish C. Chaparala, Member, IEEE, Feng Xie, Design Guidelines for Efficient Thermal Management of Mid-Infrared Quantum Cascade Lasers, IEEE TRANSACTIONS ON COMPONENTS, PACKAGING AND MANUFACTURING TECHNOLOGY, VOL. 1, NO. 12, DEZEMBRO

DE 2011.

8. DU Yan-qiu, Analysis on Thermal Management of High Power Diode-pumped Lasers, 14-16 Aug. 2009, 978-1-4244-4412-0, P: 1 - 4, (2009) IEEE.

9. Jingwei Wang, 250W QCW Conduction Cooled High Power Semiconductor Laser, 2009 International Conference on Electronic Packaging Technology & High Density Packaging (ICEPT-HDP), 1013 Aug. 2009, 978-1-4244-4659-9, p: 451 - 455, (2009) IEEE.

10. Vincenzo Spagnolo, Antonia Lops, Improved thermal management of mid-IR quantum cascade lasers, JOURNAL OF APPLIED PHYSICS 103, 043103 (2008).

11. Jianping Fu,, Ronggui Yang, Integrated electroplated heat spreaders for high power semiconductor lasers, JOURNAL OF APPLIED PHYSICS 104, 064907 (2008).

12. Patricia. Millar, Rolf B. Birch, Synthetic Diamond for Intracavity Thermal Management in Compact Solid-State Lasers, IEEE JOURNAL OF QUANTUM ELECTRONICS, VOL. 44, NO. 8, AGOSTO (2008).

13. Alan J. Kemp, John-Mark Hopkins, Gestão térmica em lasers de disco semicondutores de 2,3 um: Uma análise de elementos finitos, IEEE JOURNAL OF QUANTUM ELECTRONICS, VOL. 44, NO. 2, FEVEREIRO (2008).

14. Alok Jyoti Verma, R. Makkar , Thermal Management issues in Laser Diode Packaging, ICSE2008 Proc. 2008, lahar Bahru, Malásia, 2527 Nov. 2008, 978-1-4244-2561-7, P: 398 - 401,(2008) IEEE.

15. Xingsheng Liu, Martin H. Hu, Thermal Management Strategies for High Power Semiconductor Pump Lasers, IEEE TRANSACTIONS ON COMPONENTS AND PACKAGING TECHNOLOGIES, VOL. 29, NO. 2, JUNHO 2006.

16. Todd Wey, Duy Pham, Modeling of a Closed-Loop Pump Laser Temperature Control Unit, Including Nonlinear Electronics Controller, and Thermoelectric Cooler and Mechanical Assembly, IEEE ISIE 2006, 9-12

de julho de 2006, Montreal, Quebec, Canadá.

17. Antti Rantamaki, J. Lyytikainen, O impacto da gestão térmica do absorvedor saturável no desempenho dos lasers de disco semicondutores com bloqueio de modo, 22-26 de maio de 2011, ISBN: 978-1-45770532-8, (2011) IEEE.

18. C. Zhu, Y.G. Zhang, Heat management of MBE-grown antimonide lasers, Journal of Crystal Growth 278 (2005) 173-177.

19. Jong Jin. Lee, Hyun Seo Kang, Prediction of TEC Power Consumption for Cooled Laser Diode Module, 7-11 Nov. 2004, 657 - 658 Vol.2, 0-7803-8557-8, (2004 IEEE).

20. Rajesh R. Kamath, Patricia F. Mead, Procedimento para avaliação dos requisitos de gestão térmica numa estrutura de díodo laser, Microelectron. Reliab..Vol.37, No.12, PP. 1817-1823, 1997, Elsevier Science Ltd.(1997).

2 1.Shah, L. Curtis, D. D. Mahoney, Packaging Technology for High- Power, Single mode-Fiber-Pigtailed Pump Laser Modules for Er- Doped Fiber Amplifiers, 18-20 de maio de 1992, 842 - 847, 0-7803-0167 6,(1992) IEEE.

22. H. van Tongeren e P.J.A. Thijs, Thermal Aspects of Pump-Laser Packaging, 18-20 de maio de 1992, 848 - 852, 0-7803-0167-6, (1992) IEEE.

23. Jennijer J. Huddle, Thermal Management of Diode Laser Arrays 154 - 160, 0-7803-5916-X, 21 Mar 2000-23 Mar 2000, (2000) IEEE.

24. Lanchao Lin, Rengasamy Ponnappan, Heat transfer characteristics of spray cooling in a closed loop, International Journal of Heat and Mass Transfer 46 (2003), P: 3737-3746.

2 5.S. Freund, A.G. Pautsch, Local heat transfer coefficients in spray cooling systems measured with temperature oscillation IR thermography, International Journal of Heat and Mass Transfer 50 (2007)1953-1962.

26. Hartmut Strempel, Fritz Strempel, e The influence of epidermal spray cooling on laser effects within the cutis - 2nd messages: Influência do atraso (latência), Medical Laser Application 23 (2008), P: 21-24.

27. Z.B. Yan, K.C. Toh, Experimental study of impingement spray cooling for high power devices, Applied Thermal Engineering 30 (2010), P: 1225-1230.

2 8. Sivanand Somasundaram, Andrew A.O. Tay, An experimental study of closed loop intermittent spray cooling of ICs, Applied Thermal Engineering 31 (2011) P: 2321-2331.

29. B.H. Yang, H. Wang, Melhoria da transferência de calor no arrefecimento por pulverização com amoníaco através de superfícies de microcavidades, S1359-4311(12)00450-4, 10.1016/ j. applthermaleng. 2012.06.029, ATE 4241, Applied Thermal Engineering.

30. Y Wang e G-F Ding, Experimental investigation of heat transfer performance for a novel microchannel heat sink, JOURNAL OF MICROMECHANICS AND MICROENGINEERING.18 (2008) 035021 (8pp).

3 1. SATISH G. KANDLIKAR, High Flux Heat Removal with Microchannels-A Roadmap of Challenges and Opportunities, Heat Transfer Engineering, 26(8): 5-14, (2005).

32. Ray Beach, William J. Benett, Modular Microchannel Cooled Heatsinks for High Average Power Laser Diode Arrays, IEEE JOURNAL OF QUANTUM ELECTRONICS, VOL. 28, NO. 4, ABRIL 1992.

33. Katrin Unger, Dietmar Miiller, Efficient temperature control of micro channel cooled diode laser bars, 04 Jul 1999-07, 0-7803-5795-7,P:141 - 144, (1999) IEEE.

3 4. Stephen A. Payne, Raymond J. Beach, Diode Arrays, Crystals, and Thermal Management for Solid-State Lasers, IEEE JOURNAL OF SELECTED TOPICS IN QUANTUM ELECTRONICS, VOL. 3, NO. 1, FEVEREIRO DE 1997.

35. J.Y. Jia, W.D. Wang, Research on a Micro-Channel Heat Exchanging System Based on Thermoelectric Control, 9-11 Mar 2004, 0-7803- 8363-X, P: 225 - 230, (2004) IEEE.

36. Haishan Cao, Guangwen Chen, Projeto de otimização da geometria do

dissipador de calor de microcanais para espelho laser de alta potência, Applied Thermal Engineering 30 (2010) P:1644-1651.

37. Jingwei Wang, Pu Zhang, Packaging of high Power Density Double Quantum Well Semiconductor Laser Array Using Double-side Cooling Technology, 8-11 Aug. 2011, 978-1-4577-1770-3,1- 5(2011) IEEE.

38. Aziz Koyuncuoglu, Rahim Jafari, Experiências de transferência de calor e queda de pressão em dissipadores de calor de microcanais compatíveis com CMOS para aplicações de arrefecimento de chips monolíticos, International Journal of Thermal Sciences 56 (2012) P:77-85.

39. R. Hulsewede, H. Schulze, High Reliable - High Power AlGaAs/GaAs 808 nm Diode Laser Bars, High-Power Diode Laser Technology and Applications, Proc. of SPIE Vol. 6456, 645607, (2007), 0277-786X, 645607-1.

40. Bohumil Horacek, Jungho Kim, Arrefecimento por pulverização utilizando múltiplos bicos: Visualization and Wall Heat Transfer Measurements, IEEE TRANSACTIONS ON DEVICE AND MATERIALS RELIABILITY, VOL. 4, NO. 4, DEZEMBRO DE 2004.

41. Kate, Ajit M., e Ratnakar R. Kulkarni. "Efeito das Geometrias da Secção Transversal do Tubo e do Ângulo de Inclinação nas Caraterísticas de Transferência de Calor do Tubo de Calor Sem Pavio". International Journal of Engineering 3, no. 3 (2010), P: 509-520.

42. Amab K. Mallik, G. P. Peterson, Fabrication of Vapor-Deposited Micro Heat Pipe Arrays as an Integral Part of Semiconductor Devices, JOURNALOF MICROELECTROMECHANICAL SYSTEMS, VOL. 4, NO. 3, SETEMBRO DE 1995.

43. M. J. Marongiu, Enhancement Of Multichip Modules (MCMs) Cooling By Incorporating MicroHeat Pipes And Other High Thermal Conductivity Materials In Microchannel Heat Sinks, 25-28 de maio de 1998, 0569-5503, P: 45 - 50, (1998) IEEE.

44. Rengasamy Ponnappan, A Novel Micro-capillary Groove-wick Miniature Heat Pipe, 24 Jul 2000-28 Jul 2000, P: 818 - 826 vol.2, 156347-375-5,

(2000) IEEE.

45. Wai Y. Liu, Saeed Mohammadi, Polymer Micro-heat-pipe for InP/InGaAs Integrated Circuits, 11-13 de março de 2003, 1065-2221, 0- 7803-7793-1,P: 82 - 87, (2003) IEEE.

46. Hsin-Tang Chien, Da-Sheng Lee, Tubo de Calor Miniatura em Forma de Disco (DMHP) com Micro-Ranhuras Radiantes para o Pacote de Díodos Laser aTO Can, IEEE TRANSACTIONS ON COMPONENTS AND PACKAGING TECHNOLOGIES VOL. 26, NO. 3, SETEMBRO DE 2003.

47. Wang Chao, Liu Xiaowei, Numerical Simulation of Silicon Micro Flat Heat Pipes with Axial Triangle Grooves, 20-23 Oct. 2008, 978-14244-2186-2, 978-1-4244-2185-5, P: 2403 - 2407, (2008) IEEE.

48. Y. Sungtaek Ju , M. Kaviany, Câmara de vapor planar com mechas de evaporador híbrido para a gestão térmica de dispositivos optoelectrónicos de alto fluxo de calor e alta potência, International Journal of Heat and Mass Transfer 60 (2013), P: 163-169.

49. Wang, Y., e Peterson, Flat Heat Pipe Cooling Devices for Mobile Computers, ASME 2003 International Mechanical Engineering Congress and Exposition Heat Transfer, Volume 1, 15-21 de novembro de 2003, por ASME.

50. Semenyuk, V. et al, "Novel High Performance Thermoelectric Microcoolers with Diamond Substrates", Proc. 16th Int. Conf, on Thermoelectrics (ICT'97), Dresden, Alemanha, agosto (1997) 683686.

51. M. Telkes, J. Appl. Phys. 25 (1954) 765.

52. H. Scherrer, L. Vikhor, B. Lenoir, A. Dauscher, e P. Poinas, J. Power Sources 115 (2003) 141.

5 3.S.A. Omer e D.G. Infield, Sol. Energ. Mat. Sol. C 53 (1998) 67.

54. T. Tritt, Recent Trends in Thermoelectrics Materials Research, (San Diego: Academic) Vol. 1-3(2000).

55. M.S. Dresselhaus, G. Chen, M.Y. Tang, R. Yang, H. Lee, D. Wang, Z. Ren, J. Fleurial, e P. Gogna, Adv. Mater. 19 (2007)1043.

56. B. Poudel, Q. Hao, Y. Ma, Y.C. Lan, A. Minnich, B. Yu, X. Yan, D.Z. Wang, A. Muto, D. Vashaee, X.Y. Chen, J.M. Liu, M.S. Dresselhaus, G. Chen, e Z. Ren, Science 320 (2008) 634.

57. TEC Microsystems GmbH, Schwarzschildstrasse 3, 12489 Berlim, Alemanha, info@tec-microsystems.com, www.tec-microsystems.com.

58. V. I. Stafeev, Fiz. Tverd. Tela (Leningrado) 2, 438 (1960) [Sov. Phys. Solid State 2, 406 (1960)].

59. D. M. Rowe, Ed. CRC Handbook of Thermoelectrics (CRC Press, Boca Raton, FL), (1995).

60. H. J. Goldsmid, Thermoelectric Refrigeration (Plenum Press, Nova Iorque,), (1964).

61. T. M. Tritt, Ed. Semiconductors and Semimetals (Academic Press, San Diego, CA, (2001).

62. R. Venkatasubramanian, E. Siivola, T. Colpitts, B. O'Quinn, Nature 413 (2001)597.

63. T. C. Harman, P. J. Taylor, M. P. Walsh, B. E. LaForge, Science 297 (2002)2229.

64. K. F. Hsu, S. Loo, F. Guo, W. Chen, J. S. Dyck, C. Uher, T. Hogan, E. K. Polychroniadis, M. G. Kanatzidis, Science 303 (2004) 818.

65. J. P. Fluerial, T. Caillat, A. Borshchevsky, em Proceedings of the 13th International Conference on Thermoelectrics, (1994) 40.

66. H.J. Lee, H.S. Park, S. Han, J.Y. Kim, Propriedades termoeléctricas de películas finas de Bi-Te do tipo n com condições de deposição utilizando co-sputtering de magnetrões RF, Thermo-chimica Ata 542 (2012) 57-61.

67. L.M. Gonclaves, C. Couto, P. Alpuim, A.G. Rolo, F. Volkein, J.H. Correia, Otimização das propriedades termoeléctricas em filmes finos de Bi2Te3 depositados por co-evaporação térmica, Thin Solid Films 518 (2010) 2816-2821.

68. H. You, S.H. Baek, K.C. Kim, O.J. Kwon, J.S. Kim, C. Park, Crescimento e propriedades termoeléctricas de filmes Bi2Te3 depositados por MOCVD modificado, J. Cryst. Growth 346 (2012) 17-21.

69. Z. Yu, X. Wang, Y. Du, SA Yamni, C. Zhang, K. Chuang, S. Li, Fabricação e caraterização de filmes finos termoelétricos Bi2Te3 texturizados preparados em substrato de vidro à temperatura ambiente usando deposição a laser pulsado, J. Cryst. Growth 362 (2013) 247-251.

7 0. S.H. Li, H.M.A. Soliman, J. Zhou, M.S. Toprak, M. Muhammed, D. Platzek, P. Ziolkowski, E. Muller, Effects of annealing and doping on nanostructured bismuth telluride thick films, Chemistry of Materials 20 (2008) 4403-4410.

71. Judith Koetzsch está na Rittal desde 2001 - primeiro trabalhando para a Rittal GmbH & Co. Kg. na Alemanha como parte da equipa internacional de gestão de produtos de controlo climático, e depois juntou-se à Rittal Corporation nos EUA como Gestora de Produto para Produtos de Controlo Climático em 2006, Website: www.rittal-corp.com.

72. Abed. R. Nema " Construção termoeléctrica e sua aplicação: Revisão ", Journal of Iraqi Industrial Research, ISSN 2226-0722, vol.2, No.1 (2015) 25-31.

Printed by Books on Demand GmbH, Norderstedt / Germany